安徽师范大学特优强专业
——生物科学建设基金资助项目

XIBAO SHENGWUXUE
JI XIBAO GONGCHENG
SHIYAN

细胞生物学及细胞工程实验

主　编　张盛周
副主编　夏行权　王宝娟

安徽人民出版社

内容提要

本教程是本着系统性、先进性、可行性和实用性的原则选定实验内容编写而成。从基础性实验、综合性实验和研究性实验三个层面上设置实验项目。基础性实验内容属细胞生物学和细胞工程的最基本的实验方法和技术。综合性实验属多技术和多层次的综合性实验。研究性实验设置了5个实验，主要用于培养学生运用细胞生物学与细胞工程的实验技术解决一些理论与实际问题的能力，供学生开展创新性实验时参考。

本教程是大学本科细胞生物学和细胞工程的基础实验教材，适用于综合性大学、师范院校、农林院校和医学院校生物科学、生物技术及其相关专业的学生使用，也可供相关专业的研究生和有关科研人员参考。

图书在版编目（CIP）数据

细胞生物学及细胞工程实验/张盛周主编．—合肥：安徽人民出版社，2007（2019.8重印）

ISBN 978－7－212－03185－5

Ⅰ．细… Ⅱ．张… Ⅲ．①细胞生物学—实验—高等学校—教材 ②细胞工程—实验—高等学校—教材 Ⅳ．Q2－33 Q813－33

中国版本图书馆 CIP 数据核字（2007）第191238号

细胞生物学及细胞工程实验

张盛周 主编

出版发行：安徽人民出版社
地　　址：合肥市政务文化新区圣泉路1118号出版传媒广场8楼
发 行 部：0551－3533258 3533268 3533292(传真) 邮编：230071
组　　编：安徽师范大学编辑部 电话：0553－3937079 3883579
经　　销：新华书店
印　　制：虎彩印艺股份有限公司
开　　本：787×960 1/16 印张：9.375 字数：179千
版　　次：2009年12月第1版 2019年8月第3次印刷
标准书号：ISBN 978－7－212－03185－5
定　　价：16.00元

前　　言

细胞生物学是在不同层次（显微、亚显微与分子水平）上研究细胞基本生命活动规律的科学，以研究细胞结构与功能、细胞增殖、分化、衰老与凋亡、细胞信号传递、真核细胞基因表达与调控、细胞起源与进化等为主要内容。细胞工程是按照一定的设计方案，通过在细胞、亚细胞或组织水平上进行实验操作，获得重构的细胞、组织、器官以及个体，创造优良品种和产品的综合性生物工程。细胞生物学是细胞工程的理论基础，细胞工程既是一门独立的学科，也属细胞生物学的应用领域。两者均以细胞为研究和操作对象，联系紧密，为此，我们把这两门学科的实验内容通过优化整合编在了一起。

细胞生物学是生命科学的重要理论基础学科，细胞工程也是现代生物技术的基础和公用技术平台，这两门学科的实验涉及的内容非常广泛。我们本着系统性、先进性、可行性和实用性的原则选定实验内容。从基础性实验、综合性实验和研究性实验三个层面上设置实验项目，突出综合能力和创新能力的培养。基础性实验内容涉及细胞形态与结构的观察、流式细胞术、细胞测量与计数、细胞器的分级分离、细胞器与细胞骨架的观察、细胞生理、细胞分裂、细胞凋亡、细胞培养、细胞复苏与冻存、细胞转染等方面，共计 18 个实验，属细胞生物学和细胞工程的最基本的实验方法和技术。通过这些实验不仅可让学生学会细胞生物学和细胞工程的基本研究手段，而且可增进其对细胞形态结构和基本生命活动的认识。综合性实验主要包括石蜡切片与细胞化学技术、动植物染色体标本的制备与观察、免疫荧光与原位杂交技术、细胞传代培养及其增殖动力学检测、细胞融合、杂交瘤技术、利用根瘤农杆菌介导植物细胞的遗传转化技术及细胞核移植技术，共计 9 个实验，属多技术和多层次的综合性实验。这些实验难度较大，但学生了解和掌握这些实验技能有助于其将来从事细胞生物学和细胞工程领域更深层次的研究。由于这些实验持续时间较长，开展起来可能有些困难，建议教师可带领部分学生利用课余时间多做准备实验，将实验中的一些关键环节留在实验课时进行。如我们在开展石蜡切片与细胞化学技术的实验时，让一部分学生利用课余时间来取材、固定和脱水，然后在实验课上让学生来包埋、切片和细胞化学染色，取得了较好的效果。研究性实验设置了 5 个实验，主要用于培养学生运用细胞生物学与细胞工程的实验技术解决一些理论与实际问题的能力，供学生开展创新性实验时参考。

本教程是参考国内众多生物学和生物技术资料或网络资源博采众长结合我

们的实践经验精心编写而成的。所参考的资料我们尽可能地在参考文献中列出，如有遗漏，敬请相关作者谅解。在研究性实验中，我们也结合本教研室所从事的科学研究自行设计了部分实验，仅供广大读者参考。

由于编写时间相对较紧和编者水平所限，教程中的不完善之处在所难免，希望读者批评指正，以便再版时修正。我们衷心希望本教程能为广大读者的学习和工作带来方便和帮助，也衷心希望广大读者给予宝贵的意见和建议，使我们在相互借鉴和学习中不断地改进和提高教学水平。

本教程的编写得到了安徽师范大学生命科学学院领导和同事的大力支持，也得了细胞与遗传学教研室各位同仁的热情帮助，在此深表感谢！

目　录

前　言 …… 1

第一部分　基础性实验

实验 1　特殊显微镜的原理及使用 …… 3
实验 2　电子显微镜的原理及使用 …… 15
实验 3　流式细胞仪的原理及使用 …… 20
实验 4　细胞测量与计数 …… 25
实验 5　植物细胞胞间连丝的观察 …… 30
实验 6　细胞凝集反应及细胞膜的渗透性 …… 32
实验 7　Feulgen 反应显示细胞中的 DNA …… 35
实验 8　细胞液泡系和线粒体的活体染色观察 …… 38
实验 9　细胞骨架微丝束的普通光学显微镜观察 …… 42
实验 10　细胞器的分级分离与观察 …… 45
实验 11　吞噬细胞的吞噬作用观察 …… 48
实验 12　细胞有丝分裂的观察 …… 50
实验 13　细胞凋亡的检测 …… 53
实验 14　植物培养基的配制与愈伤组织的诱导 …… 57
实验 15　动物培养基的配制与动物细胞原代培养 …… 64
实验 16　培养细胞的形态观察和活细胞的鉴定与计数 …… 69
实验 17　细胞的冻存和复苏 …… 72
实验 18　磷酸钙沉淀法转染细胞实验 …… 74

第二部分　综合性实验

实验 19　石蜡切片技术及用 PAS 反应显示细胞内多糖物质 …… 79
实验 20　动植物染色体标本的制作与观察 …… 91
实验 21　免疫细胞化学技术显示细胞骨架微管结构 …… 96
实验 22　染色体的荧光原位杂交实验 …… 100
实验 23　细胞融合实验 …… 106

实验 24 根癌农杆菌介导的植物遗传转化实验 …… 110
实验 25 细胞传代培养及其增殖动力学检测 …… 113
实验 26 单克隆抗体的制备及鉴定 …… 119
实验 27 细胞核移植实验 …… 129

第三部分 研究性实验

实验 28 两栖爬行动物冬眠前与冬眠中期肝细胞内糖原的变化 …… 135
实验 29 不同生理状况下动物消化道内分泌细胞形态与分布的变化 …… 136
实验 30 利用细胞遗传毒理学方法进行安全毒理评价和环境检测 …… 137
实验 31 利用 RNA 干扰筛选肿瘤基因治疗的靶点 …… 139
实验 32 利用植物组织培养对某种经济植物进行快繁与脱毒 …… 141

参考文献 …… 143

第一部分　基础性实验

实验1　特殊显微镜的原理及使用

Ⅰ. 暗视场显微镜

【目的要求】

了解暗视场显微镜的基本原理及构造，掌握暗视场光挡的制作方法及暗视场显微镜使用方法。

【实验原理】

暗视野显微镜是利用丁达尔现象（Tyndall phenomenon）原理设计的，主要是使用中央遮光板或暗视野聚光器（常用的是抛物面聚光器），使光源的中央光束被阻挡，不能由下而上地通过标本进入物镜，使光线改变途径，倾斜地照射在观察的标本上，标本遇光发生反射或散射，散射的光线投入物镜内，因而整个视野是黑暗的。视场内的样品，被斜射光线照明，可从样品各种结构表面散射和反射光线，看到许多细胞器的明亮轮廓，诸如细胞核、线粒体、液泡以及某些内含物等。如果是正在分裂的细胞，其各类纺锤丝和染色体亦可看见。

在暗视野中所观察到的是被检物体的衍射光图像。并非物体的本身，所以只能看到物体的存在和运动，不能辨清物体的细微结构。但被检物体为非均质时，并大于1/2波长，则各级衍射光线同时进入物镜，在某种程度上可观察物体的构造。一般暗视野显微镜虽看不清物体的细微结构，但却可分辨0.04μm以上的微粒的存在和运动，这是普通显微镜（最大的分辨力为0.2μm）所不具有的特性，可用以观察活细胞的结构和细胞内微粒的运动等。

【实验用品】

一、设备与器具

普通复式光学显微镜、暗场聚光器、黑纸、剪子、圆规、直尺、铅笔、香柏油、载玻片、盖玻片和镜检的制片样品等。

二、材　料

黑藻、洋葱。

【方法与步骤】

常用的暗视场照明主要有暗视场光挡和暗视野聚光器两种方法。

一、暗视场光挡（Dark Field Stop）法

此法简便易行，不要特殊设备与条件。只将中央光挡加放在聚光器下方，滤光镜托架上即可。实验成功与否，关键在于暗视场光挡的制作，其中尤以光挡的直径更为重要。暗视场光挡是用黑纸、厚卡纸或金属片制成，光挡遮住照明光束中央部分的光线，使之不能进入物镜，而取得暗视场照明的效果。照明光线从光挡周缘呈环形束通过聚光镜斜向照明被检样品，被照明的样品产生反射光和散射光进入物镜，形成可见的明亮影像。

（一）暗视场光挡的制作方法

暗视场光挡的制作，可采用两种不同样式，可在滤色镜中央贴一圆形黑纸制成（图 1－1A），或用厚卡纸或金属片剪成如图 1－1B 的样式。

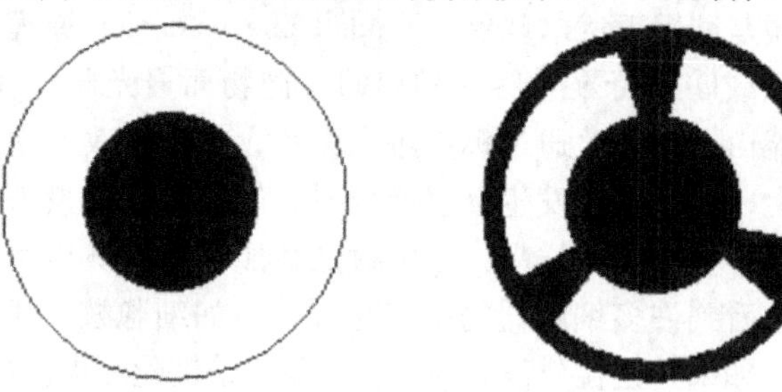

图 1－1　A. 滤色镜中央贴一圆形黑纸制成
B. 厚卡纸或金属片剪成

（1）将显微镜聚光器调到最高位置，用低倍镜对好焦距。

（2）取下目镜，从镜筒中观察并调节光阑的大小，使其与镜筒中所见物镜的视野相等。

（3）用厚黑纸剪制中央挡光板。外圈直径与滤光片框架相同，中央部分的大小与调节好的光阑孔径一样（可用半透明的小纸片，放在通光孔处聚光镜镜面上，纸上显示的光斑即为光阑的孔径，再用圆规量取大小）。

（4）将中央挡光板放在滤光片框架上，开大光阑进行样品观察。

如需使用高倍镜作暗视野观察，应按高倍镜对焦后的视野大小重新制作中央挡光板。保存好各自制作的中央遮光板，以便在后面的实验中使用。

（二）使用方法

（1）把暗视野聚光器装在显微镜的聚光器支架上。

（2）选用强的光源，但又要防止直射光线进入物镜，所以一般用显微镜灯

照明。

(3) 在聚光器和标本片之间要加一滴香柏油，目的是不使照明光线于聚光镜上面进行全反射，达不到被检物体，而得不到暗视野照明。

(4) 升降集光器，将集光镜的焦点对准被检物体，即以圆锥光束的顶点照射被检物。如果聚光器能水平移动并附有中心调节装置，则应首先进行中心调节，使聚光器的光轴与显微镜的光轴严格位于一直线上。

(5) 选用与聚光器相应的物镜，调节焦距（操作方法与普通显微镜相同），找到所需观察的物像。

二、暗视场聚光器（Dark Field Condenser）法

暗视场聚光器是为显微镜暗视场照明特制的专用聚光器。普通光学显微镜只要卸下明视场聚光器，更换规格适宜的暗视场聚光器，就成为暗视场照明的暗视场显微镜了。

（一）暗视场聚光器

暗视场聚光器种类较多，各厂家都有各自通用或专用的配套产品。本实验仅重点介绍两类聚光器：抛物面聚光器和心形聚光器。

1. **抛物面聚光器**（Paraboloid Condenser）

抛物面聚光器是一个单透镜，周围呈斜度较小的抛物线形式。由显微镜的反光镜反射出的光线，被聚光器的中部遮光板所阻挡，但侧面光线则自由进入遮光板旁和透镜边缘之间的缝。这些光线在聚光镜凹面上发生折射，结果光线集中到聚光器的界面以外，处于观察标本的平面上。

2. **心形聚光器**（Cardioid Condenser）

聚光镜由心形回转面和球面的透镜组成，中央反射面是球面，两侧是心形面。聚光镜下方为遮光挡板，入射光线从周缘环状光阑射入。入射光线经球面和心形面透镜的反射形成一空心的照明光锥，光线经反射，会聚于聚光器上面的被检样品处。光线照明样品后，射向物镜之外，样品产生散射和反射光进入物镜，结果造成暗视野的背景和明亮的被检样品，其形态和运动清晰可见。

（二）暗视场聚光器的使用方法

(1) 把暗视野聚光器安装在载物台下的聚光器支架上，选用强光源照明。

(2) 在聚光器和载玻片之间加一滴柏油（严防油滴中有气泡），否则照明光线于聚光镜上面进行全反射，达不到被检物体，从而得不到暗视野照明。

(3) 把聚光器的光轴与物镜的光轴严格调在一直线上，使聚光镜焦点对准标本。

(4) 先用低倍镜观察，视野中则出现圆形光环，如果光环不在视野中心，可调整螺杆，使圆形光环移向视野中心。

(5) 被检物不在聚光镜焦点处，进行合轴调整后，圆形光环的中央仍是黑

暗的，这时则要进行调焦。调焦时，上下移动聚光镜，使视野中心呈现一个圆形亮点，其余全黑暗。调节焦点时，要考虑载玻片与盖玻片的厚度，因为暗视野聚光器镜口率较大，焦点较浅，如果过厚，被检标本则无法调在聚光镜焦点处，并且注意载玻片与盖玻片要清洁无损，否则就会因其散射光线而使视野变亮。

（6）根据聚光器的类型，选用镜口率合适的物镜。

三、用暗视场观察植物细胞结构及胞质环流现象

分别取洋葱鳞片内表面和黑藻叶片，制作水装片，用暗视场观察植物细胞结构及胞质环流现象。

【实验报告】

（1）按暗视场光挡法改装出暗视场显微镜。

（2）绘图示暗视场内观察到的胞质环流现象。

Ⅱ．相差显微镜

【目的要求】

掌握相差显微镜的基本原理及使用，并能利用相差显微镜对活细胞进行形态观察，能辨别出细胞内的细胞核、核仁、线粒体等结构。

【实验原理】

光波有振幅（亮度）、波长（颜色）及相位（指在某一时间上光的波动所能达到的位置）的不同。当光通过物体时，如波长和振幅发生变化，人们的眼睛才能观察到，这就是普通显微镜下能够观察到染色标本的道理。而活细胞和未经染色的生物标本，因细胞各部微细结构的折射率和厚度略有不同，光波通过时，波长和振幅并不发生变化，仅相位有变化（相应发生的差异即相差），而这种微小的变化，人眼是无法加以鉴别的，故在普通显微镜下难以观察到。相差显微镜能够改变直射光或衍射光的相位，并且利用光的衍射和干涉现象，把相差变成振幅差（明暗差），同时它还吸收部分直射光线，以增大其明暗的反差。因此可用以观察活细胞或未染色标本。

相差显微镜与普通显微镜的主要不同之处是：用环状光阑代替可变光阑，用带相板的物镜（通常标有 PH 的标记）代替普通物镜，并带有一个合轴用的望远镜。环状光阑是由大小不同的环状孔形成的光阑，它们的直径和孔宽是与不同的物镜相匹配的。其作用是将直射光所形成的像从一些衍射旁像中分出来。相板安装在物镜的后焦面处，相板装有吸收光线的吸收膜和推迟相位的相位膜。

它除能推迟直射光线或衍射光的相位以外，还有吸收光使亮度发生变化的作用。调轴望远镜是用来进行合轴调节的。相差显微镜在使用时，聚光镜下面环状光阑的中心与物镜光轴要完全在一直线上，必需调节光阑的亮环和相板的环状圈重合对齐，才能发挥相差显微镜的效能。否则直射光或衍射光的光路紊乱，应被吸收的光不能吸收，该推迟相位的光波不能推迟，就失去了相差显微镜的作用。人们在显微镜下观察被检物体时，只能靠颜色（光波的波长）和亮度（光波的振幅）的差别看到被检物的结构。活细胞对光线是透明的，光线通过活细胞时，波长和振幅几乎没有改变，所以用普通光镜无法看清未经染色的活细胞。相差显微镜有效的利用了光的衍射和干涉特性，把透过标本可见光的光程差转变成振幅差，提高了各种结构之间的对比度，使标本的各种结构变得更清晰可见，因此它是一种可用来观察未染色的活体标本的细微结构及其变化的显微镜。相差显微镜从光源发出的光透过标本后，发生折射，偏离了未通过标本的光线的光路，这两组光线合轴后，则发生相互干涉现象。透过生物标本发生折射的光线与未透过标本的光线之间产生了光程差。前者被阻滞了1/4波长。如果把光程差再增加1/4波长，则变为1/2波长，合轴后两束光线的干涉加强，使标本周围发生晕圈，提高了可见度。

相差显微镜由相差聚光器和相差接物镜两个主要部分组成。它与普通光镜主要不同之处在于用环状光阑代替可变光阑，用带相板（Phase Plate）的物镜（通常用“ph”标志）代替普通物镜，并带有一个合轴调整的望远镜及滤色片。这些特殊装置能使活细胞或末经染色的标本中各部分的折射率或厚度的微小差异，产生相位差，然后利用光的衍射和干涉的原理，把相差变成振幅差，使人的肉眼能够辨认出来。

【实验用品】

一、仪器与器具

相差显微镜、剪刀、镊子、解剖针、解剖盘、载玻片、吸管、吸水纸。

二、试　剂

Ringer溶液：

氯化纳	0.85g（变温动物用0.65g）
氯化钾	0.25g
氯化钙	0.03g
蒸馏水	100ml

三、材　料

草履虫、蛙肝细胞。

【方法与步骤】

（一）相差显微镜的使用

1. 相差显微镜的装置

首先调好相位板，使聚光器相位板号与接物镜放大倍数（相位板）相一致。然后抽出接目镜，再换辅助望远镜，移动辅助镜筒并调整聚光器相位板，使视影中两个大小一样的光环相互吻合。再重新换上原接目镜，即成相差图像。当更换不同倍数接物镜时，需按上述过程重新调节。

2. 调　光

主要调整照明光的照明度和光轴，令视野照明均匀。首先用低倍镜，并把照明灯虹彩光调至最小，使光落于视野中央；如有偏斜可用聚光器的调整螺丝进行调整。然后打开虹彩使视野内呈均匀照明强度，并使目的物图像达到最大限度反差为止。

3. 调　焦

较高级的相差显微镜视野中间都有双线十字，调焦前先转动目镜使十字的双线清晰，然后再用调焦旋扭调节物镜，使观察物体清晰。在照相目镜上也要采用同样步骤调焦。摄影目镜与观察目镜焦点不一致时，也要根据需要调焦，一般照相时以摄影目镜为主，观察时以观察目镜为主。

4. 合轴调节

拨出目镜，插入中心望远镜，用左手固定其外筒，一边眼看望远镜，一边用右手转动望远镜内筒使其升降，对准焦点后就能看到环状光阑的亮环和相板的黑环。此时可将望远镜固定，微微转动聚光器两侧的调节钮，使两者完全重合。如果亮环和黑环大小一不致，可升降聚光器使之一致，如果升降聚光器仍不能使亮环和黑环一致的话，那就是载、盖玻片过厚的缘故。换用不同物镜要同时更换相对应的环状光阑，并重新合轴。

（二）活细胞的相差显微镜观察

1. 观察草履虫

用滴管吸取含草履虫的溶液将其滴于载玻片上，直接放于相差显微镜下进行观察。

2. 观察蛙肝细胞

（1）在解剖盘内将青蛙迅速处死，用解剖剪打开腹腔，取出肝组织。

（2）用剪刀将肝组织剪成小块，用镊子和解剖针，把小块蛙肝组织放在载玻片上，滴加 Ringer 液，分离出游离肝细胞。

（3）相差显微镜下观察，可见折射率较高的大的球形细胞核，内含折射率更高的小颗粒核仁。在细胞核周围还可见到许多暗白的小颗粒即为线粒体。细胞质中还有许多大小不等明亮的细胞质颗粒。

【实验报告】

（1）简述相差显微镜与普通光学显微镜的差别。

（2）图示蛙肝细胞的形态特点。

Ⅲ. 荧光显微镜

【目的要求】

掌握荧光显微镜的结构、原理及其荧光显微术。

【实验用品】

一、仪器与器具

荧光显微镜或普通复式显微镜及荧光装置附件、荧光染料、载玻片、盖玻片、滤纸、被检样品等。

二、材　料

菠菜叶子。

三、试　剂

吖啶橙、95%乙醇、PBS（NaCl 7.2g，Na_2HPO_4 1.48g，KH_2PO_4 0.43g，加蒸馏水，定容至1000ml，调 pH 值到7.2）。

【实验原理】

荧光显微镜是荧光显微术的基本装置。荧光显微术是利用一定波长的光（通常是波长短的紫外光和蓝紫光）照射被检样品，激发荧光物质发出可见的荧光。通过物镜和目镜的成像、放大，以供检视和拍摄。荧光显微镜具特殊光源，提供足够强度和波长的激发光，诱发荧光物质发出荧光。视场中所见的像，主要是样品的荧光映像。

某些物质经波长较短的光线照射后，分子被激活，吸收能量后呈激发态。其能量部分转化为热量或用于光化学反应外，相当一部分则以波长较长的光能形式辐射出来，这种波长激发光的见光称作荧光。

细胞内大部分物质经短光波照射后，可发出较弱的自发性荧光。有些细胞成分与能发出荧光的有机化合物——荧光染料结合。激发后呈现一定颜色的荧光，借以对组织进行细胞化学的观察和研究。

一、荧光显微镜的基本装置及其光路

荧光显微镜因制造厂家、型号的不同，结构各异，但主要构件基本相同。

（一）光　源

采用高压汞灯。汞灯能以最小的表面发出最大数量的紫外光和蓝光，且光亮度大，光度稳定。汞灯的构件，中间为一球形石英玻璃管，有两个钨电极，内充汞滴和少量氩氖混合气体。汞灯装在牢固的灯室中，有调节、聚焦和集光装置。使用中严禁频繁启闭，点亮后欲暂停使用时，不可切断电源，可用光阀阻断光路。当汞灯熄灭后，不能立刻点亮，经 5～10min 汞灯冷却后再通电点亮。

HBo 200W 汞灯的发射光谱为 200～600nm，其中在 365nm 和 435nm 处有两个高峰。

（二）滤色镜系统

荧光显微术的滤色镜，按用途或功能，主要分为下列两类：

1. 激发滤色镜（Exciter Filter）

激发滤色镜的作用，在于为被检样品的荧光染料提供最佳滤段的激发光。荧光染料均有一定的吸收光谱（激发峰值），利用滤色镜对光线选择吸收的能力，选用其透射光谱，恰为荧光染料的最大吸收光谱（激发高峰）的激发滤色镜，以便从汞灯发出的广谱光波中，选择透过最宜波段的光线使用。

激发滤色镜加放于汞灯和二向色镜（Dichroic Mirror）之间，物镜之前。滤镜的型号不同，数量较多，可按不同需要选用。

2. 阻断滤色镜（Barrier Filter）

阻断滤色镜位于物镜之上，二向色镜和目镜之间，用以阻断或吸收光路中的激发光或某些波长较短的光线，以防伤害眼睛，使荧光透过。选用的原则，以能完全阻断或吸收波长长于所需荧光的光线，并透过样品发出的荧光。所以，阻断滤色镜的选用，应视荧光染料的荧光光谱而定，以能最大限度地透过荧光和阻断短波光。

荧光显微镜中，除上述两类滤色镜外，尚有一重要的分色镜（Chromatic Beam Splitter）系统——二向色镜位于汞灯汞激发滤色镜构成的平行光轴与目镜和物镜构成的竖直光轴的两轴垂直相交处，斜向安装于光路之中。由镀膜的光学玻璃制成，其镜面方位与上述两光轴交角均呈 45°，兼有透射长波光线和反射短波光线的功能。在荧光显微术中承担色光的“分流”作用。

（三）荧光显微镜的光路

荧光显微镜的光路，因荧光激发的方式不同，可分两种：

1. 透射荧光显微术光路

透射荧光显微术是激发光束通过聚光器自下而上的透射样品，诱发的荧光从物镜前方进入物镜。其具体光路如下：

汞灯发出的强光经集光透镜、吸热滤色镜、镜臂反光镜、激发滤色镜、光路转换反光镜后光线转射向上，进入视场光阑，暗视场聚光器，进入样品，激发出的荧光射入物镜经阻断滤色镜进入目镜。

2. 反射荧光显微术的光路

反射荧光又称落射荧光，因激发光由物镜后部进入物镜，向下落射样品，激发出荧光，荧光反射向上再进入物镜。

汞灯发出高强的激发光，经集光透镜，吸热玻璃，孔径光阑，激发滤色镜，视场光阑，通过二向色镜，在此处一定波长以上的长波光线透过二向色镜，脱离光路，一定波长以下的短波光线反射向下进入物镜，透过物镜射向样品，激发荧光物质发出可见的荧光，荧光反射向上再次进入物镜，复经二向色镜其中波长较短的光线反射至光源方向，荧光和长波光线透射向上经阻断滤色镜进入目镜。

【方法与步骤】

一、叶绿体的分离和观察

（1）普通光镜下，可看到叶绿体为绿色橄榄形，在高倍镜可看到叶绿体内部含有较深的绿色颗粒。

（2）以荧光显微镜观察时，在选用 B（blue）激发滤片的条件下，叶绿体发出火红色荧光。

（3）加入吖啶橙染色后，叶绿体可发出桔红色荧光，细胞核则发绿色荧光。

二、菠菜叶子表皮的观察

（1）在普通光镜下可以看到三种细胞。表皮细胞：为边缘呈锯形的鳞片状细胞；保卫细胞：为构成气孔的成对存在的肾形细胞；叶肉细胞：为排成栅状的长形和椭圆形细胞。

叶绿体呈绿色橄榄形，在高倍镜下还可以看到绿色的基粒。

（2）在荧光显微镜下，叶绿体发出火红色荧光，但其荧光强度要比游离叶绿体弱。气孔发绿色荧光。两保卫细胞内的火红色叶绿体则环绕气孔排列成一圈。表皮细胞内的叶绿体数量要比叶肉细胞少。

（3）用吖啶橙染色后，叶绿体则发出桔红色荧光，细胞核可发出绿色荧光，气孔仍为绿色。

三、口腔上皮细胞吖啶橙荧光染色观察

（1）取干净载玻片，用牙签刮取口腔粘膜上皮细胞涂在载玻片上。

（2）待载玻片上细胞稍干后，滴加95%乙醇固定5min，晾干。

（3）滴加0.01%吖啶橙染液染色2min。

（4）PBS漂洗3次，每次3min。

（5）滴一滴PBS，加盖玻片封片，用滤纸擦干玻片底面。

（6）荧光显微镜观察（可在同一玻片上观察未荧光染色的口腔上皮细胞）。

【实验报告】

（1）简述荧光显微镜工作原理。

（2）绘图示荧光显微镜下所观察到菠菜叶子表皮的气孔和口腔上皮细胞。

Ⅳ. 激光扫描共聚焦显微镜

【目的要求】

掌握激光扫描共聚焦显微镜（Laser Scaning Confocal Microscope，简称LSCM）的基本原理，了解其在生物学中的应用。

【实验原理】

一、LSCM基本构造和原理

（一）几个基本概念

（1）激光器（Laser）利用受激辐射原理，使光在某些受激发的物质中放大或震荡发射的器件。

（2）共聚焦（Confocal）发射检测光路上的检测孔与入射光源前针孔被检测，而来自焦平面上下的光被阻挡在针孔的两边的显微镜成像原理。

（3）光电倍增管（Photo Multiple Tube简称PMT）将微弱光信号转换成电信号的高灵敏的光电管。

（二）基本结构

1. 激光器

常用激光器为氪－氩离子混合激光管，输出功率为15mW，激发波长为488、568及647nm，激光束通过光纤电缆导入扫描头。

2. 扫描头

扫描头可以分为以下部分：

（1）探测通道：光电倍增管和相应的共聚孔及滤过轮组成。

（2）滤光块：根据标本不同进行选择。

（3）扫描透射探测器（非共焦模式）：用于透射光观察样品，扫描头有管道于光学显微镜相连接。

3. 光学显微镜

可配置直立或倒置显微镜及相应的镜头。

4. 计算机及界面

计算机硬件和相应的测试及图像分析软件，彩色显视器。

（三）基本原理

激光扫描共聚焦显微镜是近代生物医学图象仪器的最重要发展之一，它是在荧光显微镜成像的基础上加装激光扫描装置，使用激光作为光源激发荧光探针，采用敏感的PMT探测器，利用计算机进行图象处理，从而得到细胞或组织内部微细结构的荧光图象，以及在亚细胞水平上观察诸如Ca^{2+}、pH值、膜电位等生理信号及细胞形态的变化，此外激光扫描共聚显微镜可以处理活的标本，不会对标本造成物理化学特性的破坏，更接近细胞生活状态参数测定。已广泛应用于细胞生物学、生理学、病理学、解剖学、胚胎学、免疫学和神经生物学等领域，对生物样品进行定性、定量、定时和定位研究具有很大的优越性，为这些领域新一代强有力的研究工具。

普通荧光显微镜的光源使用短波长的紫外光，大大提高了分辨率。但当所观察的荧光标本稍厚时，普通荧光显微镜不仅接收焦平面上的光量，而且来自焦平面上方或下方的散射荧光也被物镜接收，这些来自焦平面以外的荧光使观察到的图像反差和分辨率大大降低。

共聚焦扫描显微镜采用点光源照射标本，在焦平面上形成一个轮廓分明的小的光点，该点被照射后发出的荧光被物镜收集，并沿原照射光路回送到由双向色镜构成的分光器。分光器将荧光直接送到探测器。光源和探测器前方都各有一个针孔，分别称为照明针孔和探测针孔。两者的几何尺寸一致，约100～200nm；相对于焦平面上的光点，两者是共轭的，即光点通过一系列的透镜，最终可同时聚焦于照明针孔和探测针孔。这样，来自焦平面的光，可以会聚在探测孔范围之内，而来自焦平面上方或下方的散射光都被挡在探测孔之外而不能成像。以激光逐点扫描样品，探测针孔后的光电倍增管也逐点获得对应光点的共聚焦图像，转为数字信号传输至计算机，最终在屏幕上聚合成清晰的整个焦平面的共聚焦图像。

每一幅焦平面图像实际上是标本的光学横切面，这个光学横短面总是有一定厚度的，又称为光学薄片。由于焦点处的光强远大于非焦点处的光强，而且非焦平面光被针孔滤去，因此共聚焦系统的景深近似为零，沿Z轴方向的扫描可以实现光学断层扫描，形成待观察样品聚焦光斑处二维的光学切片。把X－Y平面（焦平面）扫描与Z轴（光轴）扫描相结合，通过累加连续层次的二维图像，经过专门的计算机软件处理，可以获得样品的三维图像。

【实验用品】

一、仪器与器具

激光扫描共聚焦显微镜、滤纸、吸管、载玻片、盖玻片。

二、试　剂

PBS（NaCl 7.2g，Na_2HPO_4 1.48g，KH_2PO_4 0.43g，加蒸馏水，定容至1000ml，调 pH 值到7.2）、4%多聚甲醛、TPBS、5%牛血清白蛋白、兔抗－肌动蛋白多克隆抗体、鼠抗－微管蛋白单克隆抗体、FITC 标记抗兔 Ig－G、TRITC 标记抗鼠 Ig－G、甘油/PBS 封片剂。

三、材　料

培养的人宫颈癌 Hela 细胞。

【方法与步骤】

（1）将洁净的盖玻片预置于 Hela 细胞培养皿中，使 Hela 细胞贴壁生长。

（2）待 Hela 细胞贴壁良好后取出，4%多聚甲醛固定 30min。

（3）PBS 漂洗，水化、TPBS 透化细胞、5%牛血清白蛋白封闭。

（4）加入兔抗－肌动蛋白多克隆抗体、鼠抗－微管蛋白单克隆抗体的一抗，室温孵育 2h，TPBS 洗 3 次，加入 FITC 标记抗兔 Ig－G、TRITC 标记抗鼠 Ig－G 的二抗，室温孵育 1h，TPBS 洗 3 次。

（5）甘油/PBS 封片后立即置于激光扫描共聚焦显微镜下进行观察。

【实验报告】

（1）试述激光扫描共聚焦显微镜成像原理并描述实验中所观察的现象。

（2）图示激光扫描共聚焦显微镜下观察到的 Hela 细胞的细胞骨架。

实验2　电子显微镜的原理及使用

【实验目的】

掌握电子显微镜的工作原理和主要结构，观摩超薄切片技术演示，判断、识别电镜下动植物细胞中的各种亚显微结构。

【实验原理和演示】

一、透射电子显微镜工作原理和结构简介

（一）工作原理

电子显微镜是细胞生物学等学科研究的重要工具，它以电子束为照明源，利用电子流具有波动的性质，在电磁场的作用下，电子改变前进轨迹，产生偏转、聚焦，因而电子束透过标本后在电磁透镜的作用下可放大成像。高速运动的电子流其波长远比光波波长短，所以电镜分辨率远比光镜高，可达0.14nm，放大倍率可达80万倍。由热阴极发射的电子在20～100kV加速电压作用下，经聚光镜聚焦成束，投射到很薄的标本上，并与标本中各种原子的核外电子发生碰撞，造成电子散射，在细胞质量和密度较大的部位，电子散射度强，成像较暗。在质量、密度较小处电子散射弱，成像较亮，结果在荧光屏上形成与细胞结构相应的黑白图像。

（二）主要结构

电子显微镜由电子光学系统、真空系统和供电系统三大部分组成。

（1）电子光学系统是电镜的主体，对成像和像的质量起着决定性作用。它是由电子枪、聚光镜、样品室、物镜、中间镜、投影镜、观察室和照相室等部分构成。

（2）真空系统主要是使镜筒内保持高度真空，一般要求达到10^{-4}托（1托=1mmHg），是通过机械泵和油扩散泵接力排气及真空垫圈的密封作用来实现的。真空度可由真空表指示。由于电镜利用高速电子束为照明源，要求在电子束的通道上不能有游离气体存在，以免与气体分子碰撞引起电离、放电、电子散射、灯丝氧化、样品被污染等而影响观察效果或发生故障。

（3）供电系统主要是提供稳定的电源，包括高压系统电源、各透镜的电源及真空泵的电源等。

二、扫描电子显微镜工作原理和结构简介

（一）工作原理

电子枪发射出的热电子，在加速电压作用下，形成高速电子流，经聚光镜和物镜的作用形成一极细的电子束，扫描于标本表面。入射电子与标本中的原子相互作用产生二次电子，二次电子的数量和每个电子的能量随标本表面形状及元素成分的不同而变化。二次电子被接收并经过放大，即可在荧光屏上显现出被放大的标本表面图像。

（二）主要结构

（1）电子光学系统：电子枪；聚光镜（第一、第二聚光镜和物镜）；物镜光阑。

（2）扫描系统：扫描信号发生器；扫描放大控制器；扫描偏转线圈。

（3）信号探测放大系统：探测二次电子、背散射电子等电子信号。

（4）图象显示和记录系统：早期 SEM 采用显象管、照相机等。数字式 SEM 采用电脑系统进行图象显示和记录管理。

（5）真空系统：真空度高于 10^{-4} Torr。常用：机械真空泵、扩散泵、涡轮分子泵。

（6）电源系统：高压发生装置、高压油箱。

三、电镜生物标本制备技术与方法

（一）透射电镜生物标本超薄切片的制备（以家兔肝脏为例）

1. 取　材

取活兔用乙醚麻醉，迅速打开腹腔，暴露肝脏，用锋利的刀片切取 $1mm^3$ 肝组织，立即投入固定液中。取材要求迅速，通常将动物麻醉取材。如动物处死后取材，要在几分钟内完成。取材最好在低温条件下进行（0℃ ~4℃），以防止动物死后细胞缺氧发生超微结构变化。

2. 固　定

把肝组织立即投入到 0.1mol/L（pH7.4）的二甲砷酸钠缓冲液配制的 2.5% 戊二醛中，4℃固定 2h（也可用 0.1mol/L（pH7.4）的磷酸缓冲液配制的 2.5% 戊二醛）。然后用 0.1mol/L（pH7.4）的二甲砷酸钠缓冲液洗三次，再放入用相同缓冲液配制的 1% 锇酸中固定 2h（4℃）。固定的作用是用化学试剂使细胞的微细结构如同生前状态精确地保存下来。固定剂应能迅速进入细胞，稳定细胞结构，使其不变形，在脱水过程中不丢失细胞成分。

3. 脱　水

用双蒸水清洗固定好的肝脏标本，按顺序投入到 30%、50%、70% 的乙醇中，在 4℃条件下各 10min. 然后再投入到 80%、90%、95% 的丙酮中各 10min，

100%的丙酮中两次，每次10min，一般可在室温下进行（如实验需中途停顿可把标本放在70%乙醇中过夜）。脱水的目的是用脱水剂，把组织细胞内的游离水去除干净，使包埋剂能够均匀地渗入细胞内。

4. 浸 透

把标本由100%丙酮中移入装有混匀包埋剂的小瓶中，在30℃下震荡4h（可用红外线灯加温促进浸透）使包埋剂置换出标本中的丙酮。电镜生物标本常用环氧树脂作包埋剂，聚合后可切成超薄切片，并耐电子束轰击。

5. 包 埋

把标本放入胶囊底部，将混匀的包埋剂分装入胶囊中，加好标签，勿使倾倒，保持直立。

6. 聚 合

把装有标本和包埋剂的胶囊置35℃、45℃、60℃温箱中各24h，使包埋剂聚合，硬化，由流体变为均匀的固体。这样在切片时，包埋在其内的肝组织才能保持结构不变。

7. 超薄切片

一般透射电镜的切片厚度不能超过100nm，厚于100nm的切片电子束不能穿透或影响观察效果。通常超薄切片厚度为50～70nm。在切片前，要对标本包埋块顶端修成近45°角的四边锥体，使要进行切片的标本露出外表面，呈长宽约为0.4×0.6mm的长方形或梯形切面。然后再把标本块夹在标本夹中，并把它固定在切片机臂的远端。切片刀是用玻璃制成（也可用钻石刀），用胶布围成水槽，装满水，切下的切片漂在水面，用铜网收集。切片的厚度可以从切片与水面反射光所产生的干涉色来判断。

目前公认的树脂包埋切片厚度与干涉色关系如下：（适用于折射率为1.5的树脂，如甲基丙烯酸树脂、环氧树脂等）如下：

暗灰色	40nm以下	灰色	40～60nm
银白色	60～80nm	金黄色	80～130nm
紫色	130～190nm	蓝色	190～240nm

8. 染 色

在平皿中放一蜡纸片，滴一滴醋酸铀染液于蜡纸上，用弯头小镊子夹住铜网边缘，把贴有切片的一面朝下，轻轻插入染液中，盖上平皿盖，室温下染色10～20min。水洗后同上法再置入柠檬酸铅染液中染色15min，1% NaOH溶液洗一次，水洗二次，干燥后观察。染色的原理是利用重金属（如铅、铀等）与组织中某些成分结合，可提高这些组分对电子的散射能力，增进超薄切片中不同组织成分对电子散射的差异，使细胞的超微结构得到充分表现，形成与细胞结构相应的图像，并提高图像反差，也称电子染色。

（二）观察家兔肝细胞的超微结构

（1）电镜操作（示范）。

（2）肝细胞的结构。肝细胞为多角形，一侧靠近血窦。核圆形1~2个，位于细胞的中央，核仁1~2个。细胞质中有各种细胞器，粗面内质网的膜平行排列，聚集的在一起。滑面内质网为分支弯曲的囊管组成，互相吻合成网，排列密集。高尔基复合体排列在核的周围。还可见到溶酶体、过氧化物体、糖原、脂滴、分泌颗粒等。

（三）扫描电镜标本制备（以家兔支气管为例）

1. 取　材

麻醉家兔，解剖暴露支气管，用刃器切取小段支气管，剖开，再切取2×5mm大小的一块管壁，保护要观察的内表面（即粘膜面），并用缓冲液或生理盐水清洗二次。如粘膜表面有较多粘液时，可用胰酶溶液消化，再清洗。

2. 固　定

把标本迅速投入固定液中，其固定程序与透射电镜标本相同。

3. 导电处理

把经锇酸固定的标本清洗后放入2%单宁酸中处理10min，再用双蒸水清洗3次，然后放入1%锇酸中处理30min。

4. 脱　水

把用双蒸水洗过的标本依次放入30%、50%、70%、80%、90%、95%、100%乙醇中脱水各10min，然后将标本移入乙酸异戊酯中，置换出乙醇。

5. 临界点干燥

将标本置入临界点干燥器的密闭标本室中，打开进气阀门，充入液体CO_2，其量不少于标本室容积的2/3。关闭开关，并升温使达到临界状态（31.4℃，72.8大气压），此时液态与气态界面消失。加温过程中温度可达40℃，标本室内压力可达80~120大气压，然后缓慢放气，放气时间不应少于2h。

临界点干燥是扫描电镜标本制备的一种重要干燥方法，它能消除表面张力，使标本在干燥过程中不损伤、不变形。

6. 镀　膜

把干燥的标本用导电胶固定在标本台上（注意观察面向上），把标本台放在离子镀膜机阳极载台上，在低真空下（0.1Torr）加高电压（1000~1200V）使阴极（金靶）与阳极间形成电场，把残存的气体分子电离，阳离子打向金靶，金原子溅射出来落在标本表面，形成一层金膜。这不仅保存了组织表面形态，而且电子束射到标本上容易激发二次电子，并有良好的导电性能，可产生质量好的图像。

（四）观察支气管纤毛上皮的表面立体超微结构

（1）扫描电镜操作（示范）。

（2）支气管纤毛上皮表面结构。支气管粘膜表面有许多纤毛，纤毛排列密集，是由纤毛细胞顶端发出的，在纤毛间可见有杯状细胞，在杯状细胞的表面有长短不一的微绒毛。

【实验报告】

（1）试比较电子显微镜与普通光学显微镜的异同。

（2）试描述电子显微镜成像的基本原理和结构。

实验3 流式细胞仪的原理及使用

【实验目的】

了解流式细胞仪的工作原理和基本结构，熟悉流式细胞仪的基本操作流程，学习流式细胞术的结果分析方法。

【实验原理和演示】

一、流式细胞术发展简史

流式细胞术（Flow Cytometry，FCM）是一种可以对细胞或亚细胞结构进行快速测量的新型分析技术和分选技术。

1934年，Moldavan首次提出了使悬浮的单个血红细胞等流过玻璃毛细管，在亮视野下用显微镜进行计数，并用光电记录装置计测的设想。1940年，Coons提出用结合了荧光素的抗体去标记细胞内特定蛋白的方法。1953年Crosland - Taylor根据牛顿流体在圆形管中流动规律的研究设计了一个流动室，即使待分析的细胞悬浮液集聚在圆管轴线附近流过，外层包围着鞘液。

1956年，Wallace Coulter设计了在悬液中计数粒子的方法。1967年Holm等设计了通过汞弧光灯激发荧光染色的细胞，再由光电检测设备计数的装置。1973年Steinkamp设计了一种利用激光激发双色荧光色素标记的细胞，既能分析计数，又能进行细胞分选的装置。

现代的FCM数据采集和分析技术是从组织化学发源的，其开拓者是Kamentsky。1965年，Kamentsky在组织化学的基础上提出了两个新设想：第一，细胞的组分是可以用分光光度学来定量测定的，即分光光度术可以定量地获得有关细胞组织化学的重要信息。第二，细胞的不同组分可以同时进行多参数测量，从而可以对细胞进行分类。换句话说，对同一细胞可以同时获得有关不同组分的多方面信息，用作鉴别细胞的依据。Kamentsky是第一个把计算机接口接到仪器上并记录分析了多参数数据的人，也是第一个采用了二维直方图来显示和分析多参数的人。

1967年，Van Dilla和美国的Los Alamos小组首次用荧光Feulgen反应对DNA染色显示出DNA的活性与荧光之间存在着线性关系，并在DNA的直方图上清楚地显示出细胞周期的各个时相。

近20年来，随着仪器和方法的日臻完善，人们越来越致力于样品制备、细胞标记、软件开发等方面的工作以扩大 FCM 的应用领域和使用效果。但是，在技术原理和设计方面并没有突破性的进展。

总之，其特点是：测量速度快，最快可在 1 秒种内计测数万个细胞；可进行多参数测量，可以对同一个细胞做有关物理、化学特性的多参数测量，并具有明显的统计学意义；是一门综合性的高科技方法，它综合了激光技术、计算机技术、流体力学、细胞化学、图像技术等多领域的知识和成果；既是细胞分析技术，又是精确的分选技术。

二、流式细胞仪的基本结构

流式细胞仪主要由四部分组成（图 3－1）：流动室和液流系统；激光源和光学系统；光电管和检测系统；计算机和分析系统。

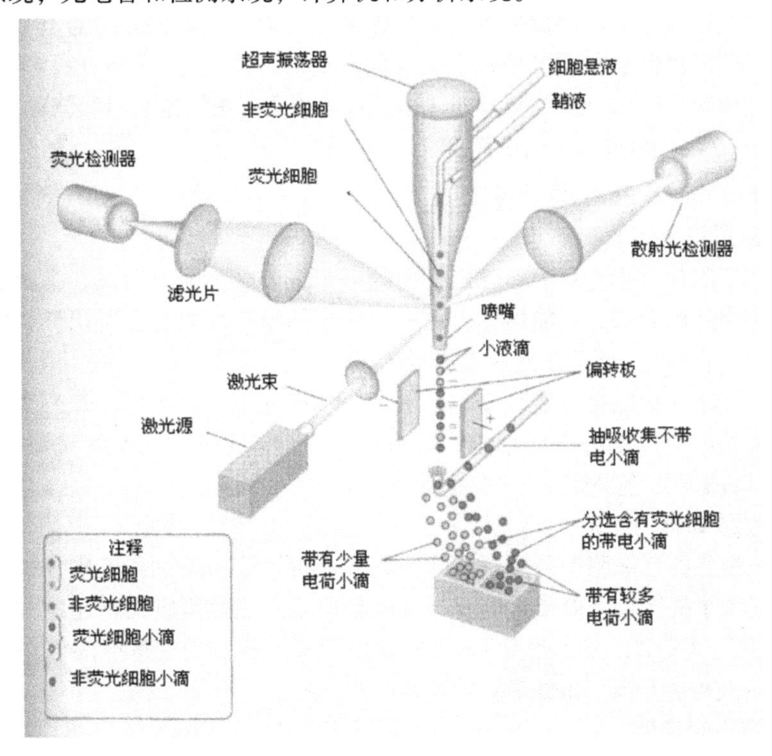

图 3－1　流式细胞仪结构示意图

（1）流动室和液流系统：流动室由样品管、鞘液管和喷嘴等组成，样品管贮放样品，单个细胞悬液在液流压力作用下从样品管射出；鞘液由鞘液管从四周流向喷孔，包围在样品外周后从喷嘴射出。为了保证液流是稳液，一般限制液流速度 $\upsilon<10\text{m/s}$。由于鞘液的作用，被检测细胞被限制在液流的轴线上。流动室上装有压电晶体，受到振荡信号可发生振动。

（2）激光源和光学系统：经特异荧光染色的细胞需要合适的光源照射激发

才能发出荧光供收集检测，通常以氩离子激光器产生的激光作为光源。激光光束经透镜汇聚调节光斑直径，通过色散棱镜选择激发光波长，再通过带阻或带通滤片裁决某一波长区段的光线是否滤除或通过。

(3) 光电管和检测系统：经荧光染色的细胞受合适的光激发后所产生的荧光是通过光电转换器转变成电信号而进行测量的。光电倍增管（PMT）最为常用。从 PMT 输出的电信号比较微弱，需要经过放大后才能输入分析仪器。流式细胞仪中一般备有两类放大器。一类是输出信号辐度与输入信号成线性关系的线性放大器。一类是输出信号和输入信号之间成常用对数关系的对数放大器。

(4) 计算机和分析系统：经放大后的电信号被送往计算机分析器进行分析。多道的道数是和电信号的脉冲高度相对应的，也是和光信号的强弱相关的。对应道数的纵坐标通常代表发出该信号的细胞相对数目。多道分析器出来的信号再经模 - 数转换器输往微机处理器编成数据文件，并进行数据处理和分析，最后给出结果除上述四个主要部分外，还备有电源及压缩气体等附加装置。

三、流式细胞仪工作原理

（一）样品制备的要求

1. 悬浮细胞液的制备

流式细胞仪是测定每个颗粒经光路的一个或多个信号，因此，细胞必须做成单个细胞悬浮状态，不能聚集，也不允许有细胞碎片存在。所用染料必须特异（如特异单抗），而且不允许渗透至载液中。

样品若是血细胞类，要经 Ficoll 分离，作单细胞分离处理，若为实体组织或贴壁生长的上皮成纤维样细胞，需采用酶消化，无钙、镁 PBS 洗涤，重悬、过筛，最后保证细胞浓度在 $1-2\times10^{6}$ mg/ml。

2. 悬浮细胞的固定

上述制备的活细胞即可用于流式细胞仪分析，如果染色和流式分析要延后进行，或为了提高染色效果，则要将细胞预固定。乙醇固定是常用的方法，即将细胞悬于 PBS 中，缓慢加入 -20℃预冷的 95% 乙醇，使终浓度为 70%，冰浴 30 分钟。此外，还有甲醛法和丙酮法等。

3. 细胞的染色

根据免疫学原理，将带有荧光素的抗体与细胞表面或细胞内某类抗原进行免疫标记反应，即为细胞染色。免疫标记可分为直接标记法和间接标记法。

（二）流式细胞分析术的基本原理

将待测样品用一定压力压入流动室，不含细胞的磷酸缓冲液在高压下从鞘液管喷出，鞘液管入口方向与待测样品流成一定角度，这样，鞘液就能够包绕着样品高速流动，组成一个圆形的流束，待测细胞在鞘液的包被下单行排列，依次通过检测区域。

发射光源经过聚焦整形后垂直照射在样品流上，被荧光染色的细胞在激光束的照射下，产生散射光和激发荧光。这两种信号同时被前向光电二极管和90°方向的光电倍增管接收。光散射信号在前向小角度进行检测，这种信号基本上反映了细胞体积的大小；荧光信号的接受方向与激光束垂直，经过一系列双色性反射镜和带通滤光片的分离，形成多个不同波长的荧光信号。这些荧光信号的强度代表了所测细胞膜表面抗原的强度或其核内物质的浓度，经光电倍增管接收后可转换为电信号，输入计算机进行计算处理，将分析结果显示在屏幕上。

（三）流式细胞分选术的基本原理

细胞的分选是通过分离含有单细胞的液滴而实现的。在流动室的喷口上配有一个超高频电晶体，充电后振动，使喷出的液流断裂为均匀的液滴，待测定细胞就分散在这些液滴之中。将这些液滴充以正负不同的电荷，当液滴流经带有几千伏特的偏转板时，在高压电场的作用下偏转，落入各自的收集容器中，不予充电的液滴落入中间的废液容器，从而实现细胞的分离。

（四）流式细胞术数据处理原理

FCM的数据处理主要包括数据的显示和分析，至于对仪器给出的结果如何解释则随所要解决的具体问题而定。

数据显示：FCM的数据显示方式包括单参数直方图（Histogram）、二维点图（Dot plot）、二维等高图（Contour）、假三维图（Pseudo 3D）和列表模式（List mode）等（图3－2）。

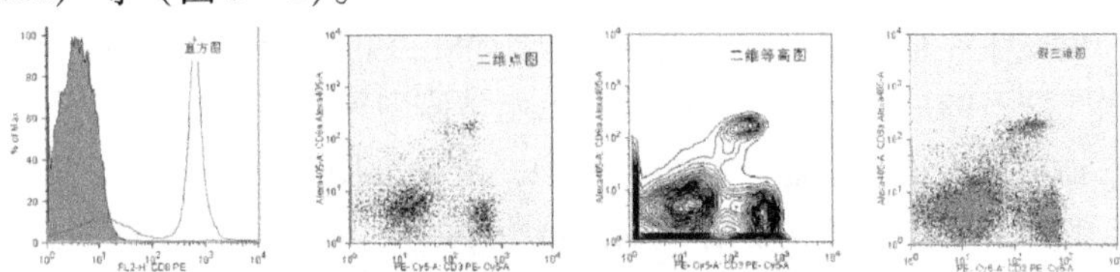

图3－2　流式细胞术数据处理的几种显示方式

直方图是一维数据用作最多的图形显示形式，既可用于定性分析，又可用于定量分析，形同一般X－Y平面描图仪给出的曲线。根据选择放大器类型不同，横座标或是线性标度或是对数标度，用“道数”（Channel No.）来表示，实质上是所测的荧光或散射光的强度。纵座标一般表示的是细胞的相对数。

二维点图能够显示两个独立参数与细胞相对数之间的关系。横座标和纵座标分别为与细胞有关的两个独立参数，平面上每一个点表示同时具有相应座标值的细胞的存在。可以由一个二维点图得到两个一维直方图。二维等高图类似于地图上的等高线表示法。它是为了克服二维点图的不足而设置的显示方法。等高图上每一条连续曲线上具有相同的细胞相对或绝对数，即“等高”。曲线层次越高所代表的细胞数愈多。一般层次所表示的细胞数间隔是相等的，因此，等高线越密集则表示变化率越大，等高线越疏则表示变化平衡。

假三维图是利用计算机技术对二维等高图的一种视觉直观的表现方法。它把原二维图中的隐坐标——细胞数同时显现，但参数维图可以通过旋转、倾斜等操作，以便多方位的观察“山峰”和“谷地”的结构和细节，这无疑是有助于对数据进行分析的。

（2）数据分析：数据分析方法可概括为参数方法和非参数方法两大类。当被检测的生物学系统能够用某种数学模型技术时则多使用参数方法。而非参数分析法对测量得到的分布形状不需要做任何假设，即采用无设定参数分析法。分析程序可以很简单，只需要直观观测频数分布；也可能很复杂，要对两个或多个直方图逐道地进行比较。

四、流式细胞仪的基本应用

目前，流式细胞仪（FCM）已在各学科中获得应用。

（1）细胞生物学：定量分析细胞周期并分选不同细胞周期时相的细胞；分析生物大分子如 DNA、RNA、抗原、癌基因表达产物等物质与细胞增殖周期的关系，进行染色体核型分析，并可纯化 X 或 Y 染色体。

（2）肿瘤学：DNA 倍体含量测定是鉴别良、恶性肿瘤的特异指标。近年来已应用 DNA 倍体测定技术，对白血病、淋巴瘤及肺癌、膀胱癌、前列腺癌等多种实体瘤细胞进行探测。用单克降抗体技术清除血液中的肿瘤细胞。

（3）免疫学：研究细胞周期或 DNA 倍体与细胞表面受体及抗原表达的关系；进行免疫活性细胞的分型与纯化；分析淋巴细胞亚群与疾病的关系；免疫缺陷病如艾滋病的诊断；器官移植后的免疫学监测等。

（4）血液学：血液细胞的分类、分型，造血细胞分化的研究，血细胞中各种酶的定量分析，如过氧化物酶、非特异性酯酶等；用 NBT 及 DNA 双染色法可研究白血病细胞分化成熟与细胞增殖周期变化的关系，检测母体血液中 Rh（+）或抗 D 抗原阳性细胞，以了解胎儿是否可能因 Rh 血型不合而发生严重溶血；检测血液中循环免疫复合物可以诊断自身免疫性疾病，如红斑狼疮等。

（5）药物学：检测药物在细胞中的分布，研究药的作用机制，亦可用于筛选新药，如化疗药物对肿瘤的凋亡机制，可通过测 DNA 凋亡峰，Bcl－2 凋亡调节蛋白等。

【实验报告】

简述流式细胞仪工作原理与结构组成。

实验4 细胞测量与计数

【实验目的】

掌握制备不同类型的细胞临时切片的方法，观察和了解细胞的基本形态，学会使用测微尺和血细胞计数板。

【实验原理】

细胞的形态结构与其功能是相适应的，特别是在分化程度较高的细胞表现的更为明显，例如：具有收缩机能的肌细胞伸展为细长形或梭形；具有感受刺激和传导冲动机能的神经细胞具有长短不一的树枝状突起和轴状突起；游离的血细胞为圆形、椭圆形或圆饼形。这种形态与功能相关性是生物长期进化的结果，除个别例外。然而，不论细胞的形状如何，其结构一般分为三大部分：细胞膜、细胞质和细胞核。

细胞大小可以用测微尺进行测量。测微尺一般由目镜测微尺和镜台测微尺组成。目镜测微尺是一个放在目镜像平面上的玻璃圆片，圆片中央刻有一条直线，此线被分为若干格（50或100小格），每格代表的长度随不同物镜的放大倍数而异。因此，用前必须测定。镜台测微尺是中央部分刻有精确等分线的载玻片，每小格等于0.01mm，专用于校正目镜测微尺每格长度的。

细胞计数常常利用血球计数板测量。血球计数板由一块比普通载玻片厚的特制玻片制成，板中央有几条槽，在其中间部分的两端有两个突起部分，在这上面刻有9个大方格，而只有其中间的大方格为计数室供计数用（图4-1）。这1大格的长和宽各为1mm，深度为0.1mm，故其体积为0.1mm^3。

计数板常用的有希利格氏计数板及汤姆氏计数板两种：前者是1大格分16中格，而每中格又分25小格，总共400小格；后者是1大格分25中格，而每中格又分16小格，总共也是400小格；两种计数板的使用原理相同。差别的是：如为希利格氏计数板，计数时对角线方位取左上、右上、左下、右下4个中格（计100小格）的细胞数；而在汤姆氏计数板上，除了取上述四个角上的4个中格外，还需加数中央的1个中格（计80小格）的细胞数。

16×25计数板（希利格氏）计数公式：

细胞数（个）/ml原液=【100个小方格（4个中方格）细胞数÷100】×400×10000

25×16 计数板（汤姆氏）计数公式：

细胞数（个）/ml 原液 =【80 个小方格（5 个中方格）细胞数÷80】×400 ×10000

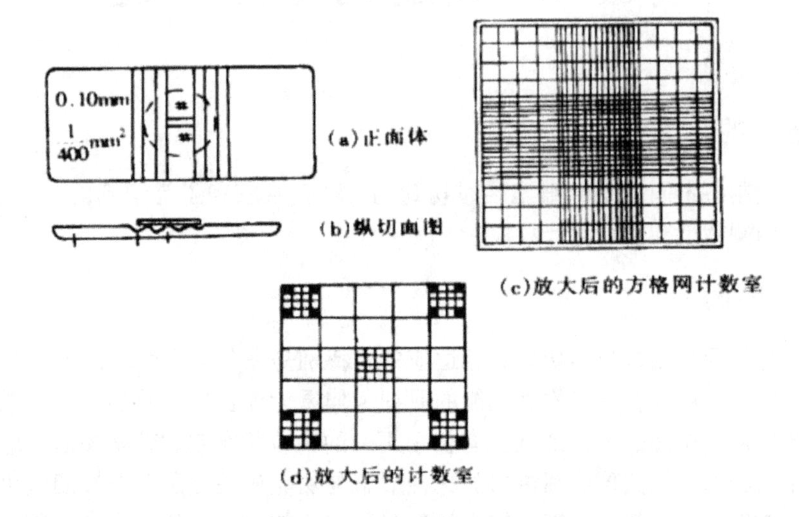

图 4－1 血球计数板的构造

【实验用品】

一、器材和仪器

配有目镜测微尺的显微镜、载玻片、盖玻片、吸水纸、手术器材、解剖盘、镜台测微尺、小平皿、牙签、血细胞计数板。

二、试 剂

1% 甲苯胺兰、1% 甲基兰、Ringer 氏液。

三、材 料

蟾蜍，人血液，人口腔上皮细胞。

【方法与步骤】

一、细胞的基本形态观察

（一）制备蟾蜍脊髓压片观察脊髓前角运动神经细胞

取蟾蜍一只，用探针破坏其脑和脊髓，在口裂处剪去头部，除去延脑，剪开椎管，可见乳白色脊髓，取下脊髓放在培养皿内，用 Ringer 氏液洗去血液后放在载玻片上，剪碎。再取一载玻片压在脊髓碎块上，用力挤压，将上面的载玻片取下即可得到压片。在压片上滴一滴甲苯胺兰染液，染色 10min，盖上盖玻片，吸去多余染液。在显微镜下观察，染色较深的小细胞是神经胶质细胞。染成蓝紫色的、大的、有多个突起的细胞是脊髓前角运动神经细胞，胞体呈三角形或星形，中央有一个圆形细胞核，内有一个核仁。

（二）蟾蜍骨骼肌细胞的剥离与观察

剪开蟾蜍腿部皮肤，剪下一小块肌肉，放在载玻片上，用镊子和解剖针剥离肌肉块成为肌束，继续剥离，可得到很细的肌纤维（肌细胞）。尽可能拉直肌纤维。在显微镜下观察，肌细胞为细长形，可见折光不同的横纹，每个肌细胞有多个核，分布于细胞的周边。

（三）蟾蜍肝脏压片的制备与观察

剪开蟾蜍腹腔，取一小块（约2～3mm^3）肝组织放在平皿内，用Ringer氏液洗净，用镊子轻压将肝中的血挤出。然后放在载玻片上，制片方法同脊髓压片。染色用甲基兰。显微镜下观察可见肝细胞核染成蓝色，肝细胞紧密排列，挤成多角形。

（四）蟾蜍血涂片的制备与观察

取一滴蟾蜍血液，靠近一端滴在载玻片上．将另一载玻片的一端呈45°角紧贴在血滴的前缘，均匀用力向前推，使血液在载片上形成均匀的薄层。晾干。显微镜观察可见蟾蜍红细胞为椭球形，有核。白细胞数目少，为圆形。

（五）人血涂片的制备与观察

取人血一滴，制片方法同上。显微镜观察可见人红细胞为凹圆盘形，无核。白细胞数目少，为圆形。

（六）人口腔上皮细胞标本的制备与观察

用牙签刮取口腔上皮细胞均匀地涂在载片上（不可反复涂沫），滴一滴甲苯胺兰染液，染色5min，盖上盖片，吸去多余染液。显微镜下观察可见覆盖口腔表面的上皮细胞为扁平椭圆形，中央有椭圆形核，染成蓝色。

二、测微尺的使用

（1）卸下目镜的上透镜，将目镜测微尺有刻度一面向下装在目镜镜面上，再旋上目镜的上透镜。

（2）将镜台测微尺有刻度一面朝上放在载物台上夹好，使测微尺刻度位于视野中央。调焦至看清镜台测微尺的刻度。

（3）小心移动镜台测微尺和目镜测微尺（如目镜测微尺刻度模糊，可转动目镜上的透镜进行调焦），使两尺左边的“0”点直线重合，然后由左向右找出两尺另一次重复的直线（图4－2）。

（4）记录两条重合线间目镜测微尺和镜台测微尺的格数。按下式计算目镜测微尺每格的长度等于多少μm。

目镜测微尺每格的长度/μm＝（两对重合线间镜台测微尺的格数×10）/两

对重合线间目镜测微尺的格数

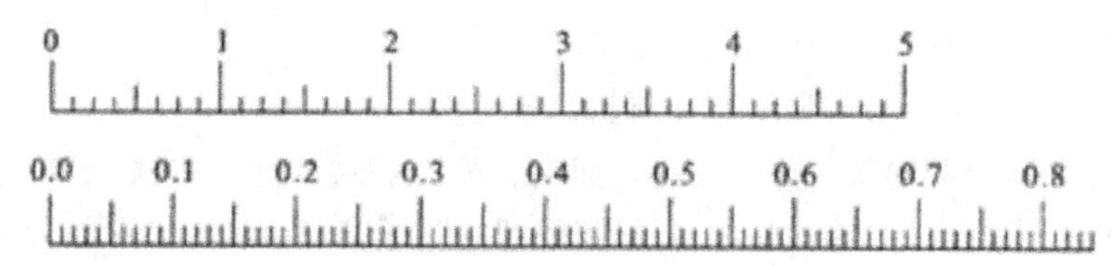

图4－2 目镜测微尺的标定
上：目镜测微尺；下：镜台测微尺

三、测量人口腔上皮细胞

从显微镜载物台上取下镜台测微尺，换上人口腔上皮细胞标本，测量细胞、细胞核的长短径。

四、血细胞计数板的使用

（1）取血细胞计数板，加盖玻片盖住两边的小槽。

（2）充液：用小滴管将一小滴稀释血液滴在盖玻片边缘的玻片上，使稀释血液借毛细管现象自动渗透入计数室中。如滴入过多，溢出并流入两侧槽内，使盖玻片浮起，体积改变，会影响计数结果，需用滤纸把多余的溶液吸出，以槽内没有溶液为宜。如滴入溶液过少，经多次充液，易产生气泡，应洗净计数室，干燥后重做。

（3）计数：充液后静止1－2分钟，待红细胞下沉后，方可进行计数。计数四角及中央共5个中方格内的20个小方格中所有红细胞数，计数时为了防止重复和遗漏，应按一定的顺序，先自左向右数到最后一格，下一行格子则自右向左，再下一行又自左向右，即呈S形计数。对于分布在刻线上的红细胞，依照“数上不数下，数左不数右“的原则进行计数。计数时，如发现各中方格的红细胞数目相差20个以上，表示血细胞分布不均匀，必须重新计数。

（4）求出细胞分布平均数＝（d0＋d1＋……＋d10）/20

细胞密度＝细胞分布平均数×稀释倍数×4000/mm^3

【实验报告】

（1）分别求出使用低倍镜（10×），高倍镜（40×）时目镜测微尺每格代表的长度：

低倍镜：目镜测微尺每格代表的长度＝ ×10（μm）＝ μm

高倍镜：目镜测微尺每格代表的长度＝ ×10（μm）＝ μm

（2）分别绘制所观察的6种细胞并注明基本结构。

（3）计算蟾蜍红细胞的核质比例。计算细胞、细胞核体积的公式：

圆球形 $V=4/3\pi r^3$（r为半径）

椭球形 $V = 4/3\pi ab^2$（a、b 为长、短半径）

核质比 N/D = Vn/（Vc—Vn）（Vn 为核的体积，Vc 是细胞的体积）

（4）计算每立方毫米蟾蜍血中红细胞的数量。

实验5 植物细胞胞间连丝的观察

【实验目的】

观察不同植物细胞胞间连丝的形态、数量与分布；掌握制片技术（刮片法），提高学生徒手制片的能力。

【实验原理】

植物细胞之间存在一些相互联系的细丝，其直径约在20~40nm之间。这些细丝横穿相邻细胞的细胞壁，并且使相邻细胞的细胞膜相互融合，形成植物细胞间物质运输和信号分子传递的桥梁。这种连接相邻细胞的原生质细丝叫做胞间连丝。胞间连丝在细胞间起着物质运输、传递刺激及控制细胞分化的作用。通过胞间连丝，使整个植物体的原生质体联成一个整体，称为共质体。不同细胞的细胞壁亦联成一体，称质外体。

在实验室里，常用刮片法在植物组织的表皮层中观察胞间连丝结构。刮片法是指用尖镊子撕去一层表皮，刮去果肉，迅速平铺在载玻片上，然后在镜下观察的一种简单操作，其特点是可活体取样观察动、植物组织。

【实验用品】

一、器材与器具

显微镜、剪刀、镊子、双面刀片、载玻片、盖玻片、吸水纸。

二、试　剂

清水、卢戈尔氏液（碘-碘化钾溶液）。

三、材　料

红辣椒、苹果、西红柿等。

【方法与步骤】

一、红辣椒表皮细胞胞间连丝观察

取红辣椒果实，用刀片沿红辣椒果皮表面平行的方向切取一薄片（也可把红辣椒的果皮里面朝上平放在载玻片上，用快刀刮去肥厚的果肉，留下很薄的薄层，此层基本上是果实的表皮），然后加碘-碘化钾染色（也可以用水代替)、制片、观察。

在显微镜下，由低倍到高倍观察。在高倍镜下，可以看见表皮是由不规则的细胞群构成的。其细胞中具有染成淡黄色的细胞质。细胞壁很厚，呈深黄色，壁上有很多纹孔。纹孔在两个细胞间成对发生，通常称为纹孔对。纹孔中有很多胞间连丝通过，但因着色太淡而看不太清楚。还可以看见染成黄色的细胞质分布在纹孔腔内（这就有很多的胞间连丝）。此切片也可用曙红或红墨水染色，染色30min后，吸去多余的染料，加水封片观察，其观察效果更为理想。

二、苹果表皮细胞胞间连丝观察

参照红辣椒表皮细胞胞间连丝观察的方法与步骤。

三、西红柿表皮细胞胞间连丝观察

参照红辣椒表皮细胞胞间连丝观察的方法与步骤。

【实验报告】

绘图细胞间连丝。

实验6 细胞凝集反应及细胞膜的渗透性

【实验目的】

1. 了解细胞发生凝集反应的原理，学习研究细胞凝集反应的方法，观察细胞凝集反应过程。

2. 了解细胞膜的渗透性及各类物质进入红细胞的速度。

3. 培养学生观察能力和分析实验现象的能力，提高学生设计实验的能力。

【实验原理】

细胞质膜是由蛋白质与脂双层共同形成的动态流动结构，蛋白质和脂类分子又与寡糖链结合为糖蛋白和糖脂分子，糖蛋白和糖脂分子伸至细胞表面的分枝状寡糖链在质膜表面形成细胞外被（又称为糖萼）。研究表明，细胞间的分子识别、细胞的生长和分化、免疫反应和肿瘤发生等均与细胞外被（分枝状寡糖链）有关。

凝集素（Lectin）是一类含糖的（少数例外）并能与糖专一结合的蛋白质，被认为与糖的运输和储存、物质的积累、细胞间的互作以及细胞分裂的调控有关；它还具有凝集细胞和刺激细胞分裂的作用。凝集素使细胞凝集是由于它与细胞表面的糖分子连接，在细胞间形成“桥”的结果。加入与凝集素互补的糖可以抑制细胞的凝集。大多数凝集素存在于储藏器官中，作为一种氮源；对某些植物而言，受到危害时，凝集素可作为一种防御蛋白发挥作用。凝集素与糖结合的活性及专一性决定其功能。

红细胞置于不同介质的等渗溶液中，根据其对各种溶质的透性不同，有的溶质可渗入，有的溶质则不能渗入，渗入红细胞的溶质能提高红细胞渗透压使水进入红细胞，引起溶血。由于溶质透入速度不同，所以发生溶血的时间也不同。

【实验用品】

一、器 材

显微镜、天平、离心机、载玻片、滴管、离心管。

二、试 剂

0.15mol/L、0.065mol/L及0.005mol/L的NaCl，0.8mol/L乙醇，0.8mol/L乙二醇，0.8mol/L丙二醇，0.8mol/L丙三醇，$CHCl_3$，2% TritonX-100。

PBS缓冲液：称取NaCl 7.2g，Na_2HPO_4 1.48g，KH_2PO_4 0.43g，加蒸馏水，定容至1000ml，调pH值到7.2。

三、材 料

土豆块茎、兔血红细胞。

【实验方法】

一、细胞凝集反应

1. 提取凝集素粗提液

称取土豆去皮块茎5g，加20mlPBS缓冲液，浸泡2~3h，浸出的粗提液中含有可溶性土豆凝集素。

2. 制备2%的兔血红细胞悬液

以无菌方法抽取兔子静脉血液（加抗凝剂肝素钠0.5ml），用生理盐水洗5次，每次1500r/min，离心5min，最后按压积红细胞体积用生理盐水配成2%红细胞悬液。

3. 细胞凝集反应

用滴管吸取土豆凝集素粗提液和2%红细胞悬液各一滴，置载玻片上，充分混匀，静置10~15min后于低倍显微镜下观察红细胞凝集现象。

用PBS和2%血细胞各一滴混匀作对照实验。

二、细胞膜的渗透性

1. 观察红血球在不同浓度NaCl溶液中的变化

取3支试管，分别装入3ml不同浓度的NaCl液，然后向每一试管中滴加2滴鸡血，观察各自发生的变化，记录下发生溶血的时间，比较结果，解释现象。

2. 观察红血球在不同醇类中的变化

取5支试管，分别装入相同浓度的甲醇、乙醇、乙二醇、丙二醇和丙三醇，每管3ml，作好标记，然后分别向每个试管中滴加2滴鸡血，迅速观察各自发生的变化，记录结果，作出解释。

3. 观察红血球在有机化合物中的变化

将有机化合物$CHCl_3$及2% Triton X-100分别溶于0.15mol/L NaCl溶液中，分别取3ml置于两支试管中，各滴加鸡血2滴，迅速观察记录，解释结果。

【实验报告】

（1）绘简图表示血细胞凝集现象。

（2）观察溶血的方法一般是从溶液的颜色变化进行判断，自加入血样品至变为红色透明澄清，可用比色法测量出溶液中的血红蛋白含量的多少来判断。同时，也可取一滴溶液放在载玻片，轻轻盖上盖玻片，置显微镜下观察血球形状的变化，列表说明实验结果并解释结果（见表6－1）。

表6－1　不同低渗溶液下的溶血现象

低渗溶液		是否溶血	时间	结果分析
NaCl	0.15mol/L			
	0.065mol/L			
	0.005mol/L			
醇溶液	0.8mol/L 乙醇			
	0.8mol/L 乙二醇			
	0.8mol/L 丙二醇			
	0.8mol/L 丙三醇			
有机化合物	$CHCl_3$			
	2% Triton X－100			

实验7 Feulgen反应显示细胞中的DNA

【目的要求】

（1）了解Feulgen反应的基本原理。

（2）掌握Feulgen染色的基本方法，观察Feulgen染色显示结果。

【实验原理】

Feulgen反应是Feulgen在1924年发明一种对DNA特异的组织化学染色反应。盐酸水解可除去DNA上嘌呤脱氧核糖核苷酸的嘌呤碱基，使脱氧核糖的醛基暴露。所暴露的自由醛基与希夫（Schiff）试剂反应呈紫红色。而酸水解时，打断了RNA链，除去了RNA，所以该反应对DNA染色是特异的。

该反应生成的化合物能特异地吸收峰值为550~570nm的光波，并且在一定的浓度范围内，对550~570nm光波的吸收值与DNA含量成正比关系，即符合化学计量学关系，所以Feulgen反应被最早引入细胞或组织中DNA含量的定量测量，而且至今仍用于显微镜光度计和图像分析仪对细胞或组织中DNA含量的定量测量。另外Feulgen反应也被大量地用于细胞或组织化学染色反应，观察DNA的分布。

Schiff试剂的产生及与DNA的显色反应过程：碱性品红为红色，结构如图7-1中A，A与能产生SO_2的试剂作用后（如偏重亚硫酸钾与盐酸作用，还原出SO_2），双链打开，成为无色的Schiff试剂。Schiff试剂的结构如图中B所示，B分子再与2个醛基（DNA水解后释放出的醛基）结合又出现双链，成为结构如图中C所示的化合物，呈紫红色。

DNA染色后，除形成紫红色C化合物外，必然有多余的A和B分子，B分子很容易被氧化转变为A有色分子，从而造成伪差。因此必须迅速地多次用现配的SO_2水清洗，使A分子转变为无色的B分子，消除染色的伪差。

Feulgen反应对DNA染色稳定、颜色鲜明、能定量，因此在细胞化学和组织化学中成为一个既古老、传统又经久不衰的DNA标记方法。

本实验采用蟾蜍或青蛙的血细胞、肝细胞或精子细胞作为标本，已知精子细胞DNA含量是一倍体，而血细胞或肝细胞DNA含量多为二倍体，无丝分裂的血细胞DNA含量为四倍体，因此，既可利用这些生物学样品鉴定测量方法的准确性，又可利用这些生物学样品鉴定仪器的可靠性。

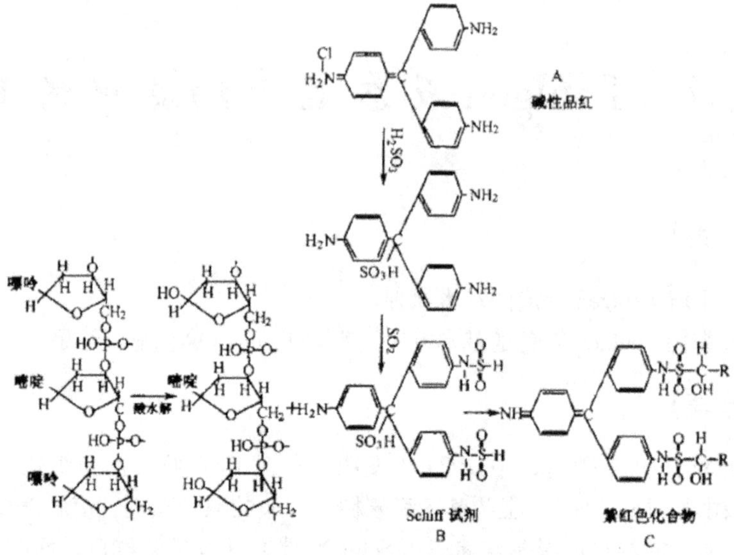

图 7－1　Feulgen 反应显色原理

【实验用品】

一、仪器与器具

显微镜，恒温水浴锅，解剖器材，染色缸，漏斗，温度计，载玻片。

二、试　剂

甲醇，甲醛，冰醋酸，3.5mol/L 盐酸，Schiff 试剂，10% 偏重亚硫酸钾，70%、80%、95%、100% 的酒精，二甲苯。

固定液配制：85% 甲醇，10% 甲醛，5% 冰醋酸（体积分数），使用前现配。

Schiff 试剂配制：将 200ml 蒸馏水煮沸，自火上取下，加入碱性品红 1g，并不断摇荡，溶解，待溶液冷至 50℃ 时过滤，加 1.0mol/L 盐酸 20ml，冷却至 25℃ 时再加 1g 偏重亚硫酸钾或偏重亚硫酸钠摇荡后盖紧瓶塞，将溶液置于暗处静止 12～24h，再加入活性炭，搅拌过滤，此时若试剂为红色还不能用，待溶液成为无色透明状态后，贮存于 4℃ 冰箱内待用。

三、材　料

蟾蜍或青蛙。

【方法与步骤】

（1）涂片或印片：将蟾蜍或青蛙毁髓处死，取一滴血制备血涂片 2 片。用解剖剪轻轻剪开腹膜，找到肝脏和附睾部位。将肝脏的一个新鲜切面在一块洁净的载玻片的左侧作印片；再将附睾的一个新鲜切面在载玻片的右侧作印片，自然干燥或吹风机干燥。

（2）固定：将干燥的印片放入盛有固定液的染色缸中，在新配置的固定液中固定30min。如需保存一段时间，固定后，用纯酒精洗一下，保存于4℃冰箱之中。

（3）酸水解：将印片用3.5mol/L盐酸，在37℃水浴中水解20min。

（4）用蒸馏水漂洗印片，除去盐酸，自然干燥或吹风机干燥。

（5）染色：将印片放入Schiff试剂中，在暗处室温染色30min。

（6）用现配的SO_2水在5min内迅速漂洗5次。

（7）依次在70%乙醇、80%乙醇、95%乙醇、纯酒精中每步2~3min逐步脱水，浸入二甲苯中5~10min透明。

（8）用胶封固，放置暗盒中待观察。

（9）镜检：先用低倍显微镜找到血细胞、肝细胞和精子细胞染色好的部位，再换用高倍显微镜观察或测量，细胞核应被染成紫红色，观察不同细胞染色的深浅。

【实验报告】

（1）写出Feulgen反应的染色步骤，说明A、B、C　三类型分子在如何让染色过程中的相互转换？

（2）画出你观察到的染色较典型的几个血细胞、肝细胞和精子细胞的细胞核。

实验8 细胞液泡系和线粒体的活体染色观察

【实验目的】

学习细胞器的超活染色技术；加强学生制备活染样本的操作能力；观察动植物液泡系和线粒体的形态、数量与分布，理解液泡系的动态变化。

【实验原理】

在动物细胞内，凡是由膜所包围的小泡和液泡除线粒体外都属于液泡系，包括高尔基器、溶酶体、微体、消化泡、自噬小体、残体、胞饮泡和吞噬泡，都是由一层单位膜包围而成。软骨细胞内含有较多的粗面内质网和发达的高尔基复合体，能合成与分泌软骨粘蛋白及胶原纤维等，因而液泡系发达。在植物细胞中，茎尖和根尖的分生组织是液泡发生的场所。在这些细胞中，产生许多小型的原液泡，它们起源于内质网，在茎尖和根尖的后部，随着细胞的分化和增长，原液泡通过吞噬细胞质和水合作用，使之不断扩大，同时，这些小液泡又相互融合，最后形成中央大液泡。

活体染色是指对生活有机体的细胞或组织能着色但又无毒害的一种染色方法。它的目的是显示生活细胞内的某些结构，而不影响细胞的生命活动和产生任何物理、化学变化以致引起细胞的死亡。活染技术可用来研究生活状态下的细胞形态结构和生理、病理状态。根据所用染色剂的性质和染色方法不同，通常把活体染色分为体内活染和体外活染两类。体内活染是以胶体状的染料溶液注入动、植物体内，染料的胶粒固定、堆积在细胞内某些特殊结构里，达到易于识别的目的。体外活染又称超活染色，它是由活的动、植物分离出部分细胞或组织小块，以染料溶液浸染，染料被选择固定在活细胞的某种结构上而显色。

不是任何染料皆可以作为活体染色剂用，为了减少对细胞的伤害作用，活体染料应无毒或毒性很小，且配成稀释的溶液。活体染料之所以能固定、堆积在细胞内某些特殊结构里，主要是染料的电化学特性在起作用。染料表面所带有的阳离子（碱性活体染料）或阴离子（酸性活体染料）可与被染部分所带的阴离子或阳离子相互发生了吸引作用。根据表面所带电荷的不同，活体染料分为酸性活体染料和碱性活体染料。酸性活体染料的种类比较少，只有吡咯蓝、刚果红等几种，由于它们能沉淀到细胞质内，产生“人工效应”的假象，所以应用不多。活体染料一般是以碱性染料最为适用，可能因为它具有溶解在类脂质（如卵磷脂、胆固醇等）中的特性，易于被细胞吸收。最常用的活体染料是碱性活体染料，种类很多，其中詹纳斯绿 B（Janus Green B）和中性红（Neutral Red）是两种最重要的活体染料，对线粒体和液泡系的染色各有专一性。

中性红是一种毒性最低的活体染色剂，是液泡系的专一染色剂，只将液泡系染成红色，在细胞处于生活状态时，细胞质及核不被染色，中性红染色可能与液泡中的蛋白有关。在 pH 发生变化的条件下，中性红还具有转变颜色的特性：pH7.0～7.2 红色；pH7.2～7.6 橙色；pH7.6～8.0 黄色。PH 不同表明液泡中酶原颗粒的成熟度的不同，完全成熟的酶原颗粒为乳白色，不再为中性红着色。

线粒体是细胞内一种重要细胞器，是细胞进行呼吸作用的场所。细胞的各项活动所需要的能量，主要是通过线粒体呼吸作用来提供的。詹纳斯绿 B 是线粒体的专一性活体染色剂。线粒体中细胞色素氧化酶使染料保持氧化状态（即有色状态）呈蓝绿色，而在周围的细胞质中染料被还原，成为无色状态。

【实验用品】

一、器材与器具

显微镜、恒温水浴锅、解剖盘、剪刀、镊子、双面刀片、载玻片、凹面载玻片、盖玻片、表面皿、吸管、牙签、吸水纸。

二、试　剂

1. Ringer 溶液：

氯化纳	0.85g（变温动物用0.65g）
氯化钾	0.25g
氯化钙	0.03g
蒸馏水	100ml

2. 配制 1% 和 1/3000 的中性红溶液

称取 0.5g 中性红溶于 50ml Ringer 液，稍加热（30～40℃）使之很快溶解，用滤纸过滤，装入棕色瓶于暗处保存，否则易氧化沉淀，失去染色能力。

临用前，取已配制的 1% 中性红溶液 1ml，加入 29ml Ringer 溶液混匀，装入棕色瓶备用。

3. 配制 1% 和 1/5000 的詹纳斯绿 B 溶液

称取 50mg 詹纳斯绿 B 溶于 5ml Ringer 溶液中，稍加微热（30～40℃），使之溶解，用滤纸过滤后，即为 1% 原液。取 1% 原液 1ml 加入 49ml Ringer 溶液，即成 1/5000 工作液装入瓶中备用。最好现用现配，以保持它的充分氧化能力。

三、材　料

（1）蟾蜍胸骨剑突软骨细胞。

（2）小麦或黄豆幼根根尖。

（3）人口腔上皮细胞。

【方法与步骤】

一、蟾蜍胸骨剑突软骨细胞的液泡系中性红染色观察

软骨细胞能分泌软骨粘蛋白和胶原原纤维等，因而粗面内质网和高尔基体都发达，用中性红超活染色后，可明显地显示出液泡系。

（1）左手小心捏住蟾蜍，右手按触到蟾蜍胸骨剑突，剪开一小口，剪取胸骨剑突最薄的部分一小块，放入载玻片上的1/3000中性红染液滴中，染色10～15min。

（2）用吸管吸去染液，滴加Ringer液，盖上盖玻片进行观察。

（3）在高倍镜下，可见软骨细胞为椭圆形，细胞核及核仁清楚易见，在细胞核的上方胞质中，有许多被染色成玫瑰红色大小不一的泡状体，这一特定区域叫“高尔基区”，即液泡系。

二、黄豆根尖细胞液泡系的中性红染色观察

（1）实验前，把黄豆培养在培养皿内潮湿的滤纸上，使其发芽，胚根伸长到1cm以上。

（2）用双面刀片把初生的黄豆幼苗根尖（约1cm长）小心切一纵切面，放入载玻片上的1/3000中性红染液滴中，染色10～15min。

（3）吸去染液，滴一滴Ringer液，盖上盖玻片，并用镊子轻轻地下压盖玻片，使根尖压扁，利于观察。

（4）在高倍镜下，先观察根尖部分的生长点的细胞，可见细胞质中散布很多大小不等的染成玫瑰红色的圆形小泡，这是初生的幼小液泡。然后，由生长点向延长区观察，在这些已分化长大的细胞内，液泡的染色较浅，体积增大，数目变少。在成熟区细胞中，一般只有一个淡红色的巨大液泡，占据细胞的绝大部分，将细胞核挤到细胞一侧贴近细胞壁处。

从以上的观察结果，想想植物细胞液泡系的形态演进情况。

三、人口腔粘膜上皮细胞线粒体的超活染色与观察

清洁载玻片放在37℃恒温水浴锅的金属板上，滴2滴1/5000詹纳斯绿B染液，用牙签在口腔颊粘膜处稍用力刮取上皮细胞，刮下的粘液状物放在载玻片的染液滴中，染色10～15min（注意不可使染液干燥，必要时可再加滴染液），盖上盖玻片，显微镜下观察。

【实验报告】

（1）绘黄豆幼根根尖细胞示液泡系形态与分布。

（2）绘蟾蜍胸骨剑突软骨细胞示液泡系形态与分布。

（3）绘口腔上皮细胞示线粒体的形态与分布。

实验9 细胞骨架微丝束的普通光学显微镜观察

【实验目的】

（1）掌握考马斯亮蓝 R250 染色细胞骨架微丝束的原理及方法。

（2）观察光学显微镜下细胞骨架的分布与形态。

【实验原理】

细胞骨架是细胞内以蛋白质纤维为主要成分的网络结构，根据蛋白质纤维的直径、组成成分和组装结构的不同可分为微丝、微管和中间纤维。细胞骨架对于维持细胞的形态结构及细胞运动、物质运输、能量转换、信号传导和细胞分裂等有重要的作用。

微丝是肌动蛋白亚单位组成的螺旋状纤维（F－actin），在不同种类的细胞中，它们又与某些结合蛋白一起形成不同的亚细胞结构。观察微丝可以用电镜、组织化学、免疫细胞化学等手段。本实验用考马斯亮蓝 R250（Coomassiee Brilliant Blue R250）显示微丝组成。

考马斯亮蓝 R250 是一种普通的蛋白染料，它可以使各种细胞骨架蛋白着色，并非特异地显示微丝，但是由于有些细胞骨架纤维在该实验条件下不够稳定，例如微管；还有些类型的纤维太细，在光学显微镜下无法分辨，因此我们看到的主要是微丝组成的张力纤维，直径约 40nm 左右。张力纤维形态长而直，常常与细胞的长轴平行并贯穿细胞全长。

染色时用的 M－缓冲液，其中咪唑是缓冲剂，EGTA 和 EDTA 螯合 Ca^{2+}，溶液中并提供 Mg^{2+}，在此低钙条件下，骨架纤维保持聚合状态并且较为舒张。

本试验采用去垢剂 TritonX－100 的缓冲液处理植物材料时，可将细胞的膜结构和大部分蛋白质抽提掉，但细胞骨架系统的蛋白却被保存下来，后者用考马斯亮蓝 R250 染色，在光学显微镜下可见一种网状结构。

【实验用品】

一、器材与器具

显微镜、载玻片、盖玻片、35mm 小染缸。

二、试　剂

（1）0.01mol/L 磷酸盐缓冲生理盐水（PBS）配法：

0.2mol/L 磷酸氢二钠－磷酸二氢钠缓冲液（PB，pH7.3）	50ml
NaCl	0.15mol/L
重蒸馏水	至 1000ml
其中 PB 的配法：0.2mol/L　Na_2HPO_4	77ml
0.2mol/L　NaH_2PO_4	23ml

（2）M－缓冲液

咪唑（Imidazole，pH6.7）	50mmol/L
KCl	50mmol/L
$MgCl_2$	0.5mmol/L
EGTA	1mmol/L
EDTA	0.1mmol/L
巯基乙醇（Mercaptoethanol）	1mmol/L
甘油	4mmol/L

用 1mol/LHCl 调 pH 至 7.2。

（3）1%的 Triton X－100/M－缓冲液。

（4）0.2%考马斯亮蓝 R250 染液配制：

甲醇	46.5ml
冰醋酸	7ml
蒸馏水	46.5ml

（5）30%戊二醛－PB 溶液，pH7.3。

三、材　料

洋葱。

【方法与步骤】

（1）用镊子撕取洋葱鳞叶内侧的表皮若干片（约 1cm^2），置于 50ml 烧杯中，加入 pH6.8 磷酸缓冲液，使其下沉。

（2）用 1% Triton X－100/M－缓冲液处理 15min，室温或 37℃均可。Triton X－100 是非离子型表面活性剂（去污剂），能增加细胞膜通透性并抽提部分杂蛋白质，使骨架图像更清晰。

（3）用 M－缓冲液轻轻洗细胞三次，M－缓冲液有稳定细胞骨架的作用。

（4）3%戊二醛－PB 液固定细胞 10～15min。

（5）PBS 液洗细胞若干次，用滤纸吸干。

（6）0.2%考马斯亮蓝 R250 染片 20min，小心地用水漂洗，空气干燥，直接观察或用树脂封片。

（7）实验结果。用普通光学显微镜观察，可见到深蓝色的纤维，粗细不等，基本上呈网状排布。

【实验报告】

（1）描绘若干个洋葱鳞叶内侧的表皮细胞内微丝图像。

（2）试述考马斯亮蓝染色显示微丝束的方法原理。

实验 10　细胞器的分级分离与观察

【目的要求】

(1) 了解细胞器的分离方法。

(2) 掌握差速离心和密度梯度离心技术。

【实验原理】

细胞器是细胞中维持细胞复杂生命活动的功能性器官，为了研究各种细胞器的功能，首先就要将这些细胞器从细胞中分离出来。利用各种物理方法如研磨（Grinding）、超声振荡（Ultrasonication）和低渗（Hypotonic Treatment）等将组织制成匀浆（Homogenate），细胞中的各种亚组分即从细胞中释放出来。

由于不同的细胞器大小和密度存在差异，因此不同的细胞器在介质中的沉降系数各不相同。利用这种性质，我们可以利用分级分离的方法来分离不同的细胞器。分级分离的方法有差速离心法和密度梯度离心法两种。

差速离心法（Differential Centrifugation）是指由低速到高速逐级沉淀分离，使较大的颗粒先在较低转速中沉淀，再用较高的转速将原先悬浮于上清液中的较小颗粒分离沉淀下来，从而使各种亚细胞组分得以分离。但由于样品中各种大小和密度不同的颗粒在离心时是均匀分布于整个离心介质中的，故每级分离得到的第一次沉淀必然不是纯的最重的颗粒，需经反复悬浮和离心加以纯化。

密度梯度离心法（Density Gradient Centrifugation）与上述方法不同之处是用具有密度梯度的介质来替换离心管中的密度均一的介质，使介质分为不同的层次，密度低的在上层，密度高的在底层。将细胞匀浆液加在最上层，随后离心。这样，不同大小、形态、密度的颗粒，就会以不同的速度向下移动，集中到不同的区域，从而达到分离目的。

细胞器分离过程中的悬浮介质常使用水溶性的蔗糖溶液，因为它比较接近细胞质的分散相，在一定程度上，能保持细胞器的结构和功能，保持酶的活性，避免细胞器的聚集。

一个球形颗粒的沉降速度除决定于它的密度、半径及介质的黏度外，还与离心场有关。离心场的离心力常用重力加速度 g（$9.8m/s^2$）的倍数来表示。而实际操作时人们习惯用 r/min（离心机转子每分钟旋转的圆周数）来掌握。两者的关系是：离心力 $g = 1.11 \times 10^{-5} n^2 r$，r 为离心机中轴到离心管远端的距离，

n 为离心机每分钟的转速（r/min）。

【实验用品】

一、器材与器具

低温高速离心机，玻璃匀浆器、天平、显微镜、吸管、Eppendorf 管、离心管、冰块、冰盒、载玻片、小烧杯。

二、试　剂

生理盐水、0.25mol/L 蔗糖溶液、0.34mol/L 蔗糖 - 0.5mmol/L Mg（Ac）$_2$ 溶液、0.88mol/L 蔗糖 - 0.5mmol/L Mg（Ac）$_2$ 溶液、95% 乙醇溶液、丙酮、PBS 溶液、甲基绿 - 派洛宁染液、中性红 - 詹纳斯绿染液。

三、材　料

大白鼠。

【方法与步骤】

一、细胞核的分离

（1）组织匀浆：将饥饿 24h 的大白鼠处死，立即剪开腹部，迅速取出肝组织浸入预冷的生理盐水，洗去血污，用滤纸吸干。称取约 1g 肝组织，在小烧杯中剪碎，用少量预冷的 0.25mol/L 蔗糖溶液洗涤数次。将烧杯中的悬浮肝组织倒入匀浆器中进行匀浆，匀浆过程要在冰浴中进行。匀浆完毕，用数层经少量蔗糖溶液湿润的尼龙网过滤组织匀浆，移入离心管中。

（2）离心：在低温离心机中进行。每次离心前一定要在天平上将两离心管配平。第一次以 600g 离心 5 ~ 10min。将其上清液移入 Eppendorf 管中，盖好盖子置于冰浴中，留待后面使用。沉淀用 0.25mol/L 蔗糖溶液离心洗涤 2 次，每次 1000g，10min。

（3）纯化：将沉淀用 5 倍体积 0.34mol/L 蔗糖 - 0.5mmol/L Mg（Ac）$_2$ 溶液混悬。用长针头注射器在混悬液下轻轻加入 4 倍体积 0.88mol/L 蔗糖 - 0.5mmol/L Mg（Ac）$_2$ 溶液。尽量使两种溶液明显分层。以 1500g 离心 15 ~ 20min。弃去上清液，沉淀即为经过纯化的细胞核，用 PBS 溶液悬浮，4℃保存。

（4）鉴定：将分离纯化的细胞核制成涂片，空气干燥。将干燥后的涂片浸入 95% 乙醇溶液固定 5min，晾干，滴加甲基绿 - 派洛宁染液染色 20 ~ 30min，丙酮分色 30s，蒸馏水漂洗，滤纸吸干水分，镜检。核 DNA 呈蓝色，核仁和混杂的细胞质 RNA 呈红色。观察每个视野中所见完整细胞核的数量及纯度。

二、线粒体的分离

将分离细胞核时收集的上清液以 10000g 离心 15min，收集上清液，置冰浴待用。沉淀用预冷 0.25mol/L 蔗糖溶液悬浮，10000g 离心 15min，反复 2 次。

线粒体鉴定：在干净的载玻片中央滴加 1~2 滴中性红－詹纳绿染液，用牙签挑取沉淀物均匀涂片。盖上盖片，染色 5min，镜检。被染成亮绿色的即为线粒体。

三、溶酶体的分离

分离线粒体时的上清液以 16300g 离心 15min，上清液留待后用，沉淀加入 10ml 预冷的 0.25mol/L 蔗糖溶液悬浮，用同样的条件再离心 1 次。溶酶体可用酸性磷酸酶显示法进行鉴定。溶酶体的外形在光镜下不能看见，但可以看到棕黑色的颗粒和斑块。

四、微粒体的分离

分离溶酶体时的上清液经 100000g 离心 30min，沉淀即为由内质网碎片形成的微粒体。

【实验报告】

（1）简述实验的主要步骤及其原理。

（2）计算出各次沉淀物的体积并分析其纯度，总结实验中出现的问题并分析其原因。

实验11 吞噬细胞的吞噬作用观察

【目的要求】

（1）了解小鼠腹腔巨噬细胞的激活方法。

（2）掌握小鼠腹腔巨噬细胞吞噬鸡红细胞的过程。

【实验原理】

细胞的吞噬作用是单细胞动物摄取营养物质的方式，在高等动物内的巨噬细胞、单核细胞和中性粒细胞等具有吞噬功能，是机体非特异性免疫功能的重要组成部分。巨噬细胞是由骨髓干细胞分化而成，当病原微生物或其他异物侵入机体时，巨噬细胞由于具有趋化性，便向异物处聚集，巨噬细胞可将之内吞入胞质，形成吞噬泡，然后在胞内与溶酶体融合，将异物消化分解。

根据吞噬细胞具有对异物（细菌、绵羊红细胞、鸡红细胞等）吞噬和消化的功能，小鼠腹腔内注射硫代乙醇酸钠，可刺激巨噬细胞的聚集。4日后小鼠腹腔内注入鸡红细胞悬液，一小时后解剖收集腹腔吞噬细胞，染色、镜检可观察到鸡红细胞的吞噬现象。通过计算吞噬百分比或吞噬指数可测定吞噬细胞的吞噬功能。

【实验用品】

一、设备与器具

解剖器材、注射器、尖吸管、橡皮吸头、小试管及载玻片等。

二、试　剂

（1）PBS缓冲液：NaCl 7.2g，Na_2HPO_4 1.48g，KH_2PO_4 0.43g，加蒸馏水，定容至1000ml，调pH值到7.2。

（2）3%硫代乙醇酸钠。

（3）瑞氏染液（瑞氏粉0.59g、美兰0.19g溶于500ml甲醇）、甲醇。

三、材　料

小白鼠、1%鸡红血细胞悬液。

1%鸡红细胞悬液：自鸡翼下静脉取血1ml，注入含灭菌阿氏液4ml的瓶中，混匀置于冰箱保存备用。使用时用生理盐水洗涤，离心，倾去上清，如此反复洗涤三次，最后用生理盐水配制成1%的鸡红细胞悬液。

【方法与步骤】

一、实验步骤

（1）实验准备：用无菌注射器吸取3%硫代乙醇酸钠3ml，注射于小白鼠腹腔内。

（2）4日后，注射1%鸡红细胞悬液1ml于小鼠腹腔内。

（3）注射1h后，将小鼠用颈椎脱臼法处死，解剖暴露腹腔，于腹腔靠上部位，用镊子轻轻夹起腹膜，将腹膜剪一小口，用尖吸管注入5ml预温的PBS，同时用手反复揉搓腹腔约2～3min，以便尽可能多地冲洗出小鼠腹腔的吞噬细胞。

（4）用尖吸管吸取腹腔液，置一洁净试管内。

（5）用尖吸管将腹腔液吹打均匀（尽量避免产生气泡），吸取一滴滴于载玻片上，加盖玻片镜检。

也可以直接将腹腔液涂片，平放于湿盘内，37℃下孵育30min。取出涂片，用预温的PBS冲洗3次，然后用甲醇固定5min，以瑞氏染液1份加pH6.4的PBS 2份混匀后，滴于涂片上染色5～10min，以蒸馏水冲洗（切勿先将染液倾去）后，晾干，镜检。

二、实验结果

（1）观察小鼠腹腔巨噬细胞和中性粒细胞对鸡红细胞悬液的吞噬现象。

（2）计算吞噬百分数和吞噬指数：

吞噬百分数＝100个巨噬细胞中吞噬了鸡红细胞的细胞数/100

吞噬指数＝100个巨噬细胞吞噬的鸡红细胞总数/100

（3）实验记录：记录巨噬细胞的吞噬情况。

三、注意事项

（1）充分揉搓腹腔，尽可能将吞噬细胞冲洗下来。

（2）用尖吸管吸取腹腔液时，尽量避开腹腔脏器，避免损伤血管引起出血，影响实验结果。

（3）用瑞氏染液染色时，切勿先将染液倾去后再冲洗，以免染液中细小颗粒附着于玻片上影响标本的清晰度。

【实验报告】

绘图示小鼠腹腔巨噬细胞吞噬红细胞的过程。

实验 12 细胞有丝分裂的观察

【目的要求】

（1）掌握一种有丝分裂标本制片技术。

（2）熟悉细胞有丝分裂过程中各个时期的特点及主要区别。

【实验原理】

有丝分裂（Mitosis）是高等生物体细胞增殖的主要方式，有丝分裂过程中，细胞核与细胞质有很大的变化，但以细胞核内染色体的变化最为明显，而且是有规律地进行。根据染色体的形态与动态变化可以将分裂过程分为前期、中期、后期和末期。有丝分裂在整个细胞周期中约占 10% 的时间，而其余大部分时间是处于细胞连续两次分裂之间的间期。

各种生物染色体在数目上和形态上是相对恒定的，并随科属种的不同而具有一定的特征。有丝分裂现象在植物体内发生频率是不均一的，高等植物体细胞的有丝分裂，主要发生在茎尖、根尖、幼叶、茎的形成层等分生组织内。在实验室里，因为根尖取材方便，标本制作也较简便，故常作为观察染色体和有丝分裂的最适宜材料。本实验以洋葱或蚕豆根尖为材料观察植物细胞的有丝分裂过程。

【实验用品】

一、器材与器具

显微镜、载玻片、盖玻片、剪刀、镊子、刀片。

二、试 剂

（1）70% 乙醇溶液。

（2）1.0mol/L HCl。

（3）Carnoy 固定液：甲醇 3 份、冰醋酸 1 份。

（4）苯酚品红染液：取石炭酸 25ml，加入 50ml95% 乙醇溶液中，再加 5g 碱性品红使其充分溶解，过滤，4℃保存。使用时用蒸馏水稀释至 500ml，成熟 1 周。

三、材 料

洋葱或蚕豆根尖。

【方法与步骤】

一、洋葱根尖的培养

在上实验课之前的3d～4d，取洋葱若干，分别放在广口瓶上。瓶内装满清水，让洋葱的底部接触到瓶内的水面。把这个装置放在温暖的地方，注意经常换水，使洋葱的底部总是接触到水。待根长5cm时，可取生长健壮的根尖制片观察。

二、装片的制作

1. 取　材

剪取根尖，一般以生长到1～2cm长度取材比较合适。

2. 固　定

目的是使蛋白质变性，并尽量保持原来的分裂状态，同时更易于着色。将剪下的根尖立即放入Carnoy固定液中固定4h以上，固定后可将材料保存在70%乙醇溶液中（4℃下可长期保存）。

3. 解　离

目的是使分生组织细胞之间的果胶质层解离掉，并使细胞壁软化，便于压片。取出根尖，放1.0mol/L HCl溶液中解离15～20min，水洗3次。

4. 染　色

将以上处理的根尖放在滴有苯酚品红染液的载玻片上，用镊子轻轻将根尖捣碎，盖上盖玻片。

5. 压　片

在盖玻片上覆盖一层吸水纸，用解剖针或铅笔上的橡皮头敲击根尖部位，重复几次，力一次比一次大，以盖玻片不破裂为准，使细胞分离压平。用吸水纸吸干盖玻片周围的染液。

6. 镜　检

先用低倍镜找到处于分裂期的细胞，然后在高倍镜下观察不同分裂期的细胞。染色质和染色体被染成紫红色。

（1）间期：是有丝分裂前的准备阶段，蛋白质、核酸的合成，DNA的复制等都是在这个时期进行的，而在光学显微镜下，从表面上看是“静止”状态，核中的核仁明显，核质中有均匀分散的染色质，核膜光滑。

（2）前期：其标志是染色体的形成，核仁、核膜消失。染色质细丝纵向螺旋缩短变粗成为染色体；每一染色体是由二条染色单体组成，两个染色体仅在着丝粒处相连，染色体逐渐变得十分清楚，核仁消失，核膜解体，前期即告结束。

（3）中期：染色体排列在赤道板上，纺锤体形成。

（4）后期：在后期开始时，两个染色单体从着丝粒分开，这时的染色单体就叫做子染色体。随后，两个子染色体各自向纺锤体的两极移动。

（5）末期：当染色体抵达两极后，即进入有丝分裂的末期。染色体逐渐失去浓缩的形状。染色体的螺旋解开而松弛伸长。此后核膜、核仁出现，在核重建的同时，纺锤体中的连续丝密集形成成膜体。成膜体中的许多小泡不断聚集到赤道板平面上，并融合成为细胞板，这些小泡可能是由高尔基体和内质网产生的。细胞板随着成膜体的不断扩展而向四周生长，最后与细胞壁衔接形成新的细胞壁。它将细胞质分开，两个子细胞随即形成。

【实验报告】

（1）绘图描述洋葱根尖有丝分裂的主要过程及染色体的主要变化。

（2）简述本实验的关键环节及其影响因素。

实验 13　细胞凋亡的检测

【目的要求】

（1）掌握常规的通过细胞形态学和生物化学特征检测细胞凋亡的原理。

（2）学会凋亡细胞检测的常规方法，加深对凋亡细胞特征的认识。

【实验原理】

细胞凋亡是一个主动的由基因决定的自动结束生命的过程。在凋亡的过程中，细胞膜发生反折，染色体断裂并发生边缘化，细胞膜包裹断裂的染色体或细胞器后逐渐分离形成众多的凋亡小体。凋亡小体最终被附近的吞噬细胞吞噬。在细胞凋亡的过程中，细胞膜保持完好，细胞的内容物不会发生外流，因此在细胞凋亡的过程中不会发生炎症。在细胞凋亡的形态学检测主要是将细胞凋亡同细胞坏死区分开来。细胞坏死是由于极端的理化因素或严重的病理刺激引起的细胞的损伤或死亡。在细胞发生坏死时，细胞膜破裂，细胞的内容物释放到细胞外后引发周围组织发生炎症。

观察凋亡细胞的形态学特征可以选择不同的染色方法处理，如 HE 染色、台盼蓝染色等。染色后便可清晰地观察到凋亡细胞体积缩小，染色质发生浓聚，呈新月形，或由膜包裹着染色质块形成凋亡小体凸起于细胞表面等形态学特征。

凋亡细胞除了形态学的指标外，还具有其典型的生物化学特征，可以通过多种方法对其进行检测。如细胞膜磷脂酰丝氨酸翻转的荧光显示，凋亡细胞原位末端标记法等。

磷脂酰丝氨酸（PS）在非凋亡细胞中分布于细胞膜与细胞质基质接触的膜面，细胞凋亡早期膜磷脂不对称丢失使磷脂酰丝氨酸翻转由胞膜内层暴露于胞膜外，磷脂酰丝氨酸暴露于胞膜外可作为凋亡细胞的标志。Annexin－V 是一种分子量为 35～36KD 的 Ca^{2+} 依赖性磷脂结合蛋白，能与 PS 高亲和力特异性结合。将 Annexin－V 进行荧光素（FITC、PE）或 biotin 标记，以标记了的 Annexin－V 作为荧光探针，利用荧光显微镜或流式细胞仪可检测细胞凋亡的发生。

碘化丙啶（Propidine Iodide，PI）是一种核酸染料，它不能透过完整的细胞膜，但在凋亡中晚期的细胞和死细胞，PI 能够透过细胞膜而使细胞核染成红色。因此将 Annexin－V 与 PI 匹配使用，就可以将凋亡早晚期的细胞以及死细胞区分开来。

细胞凋亡中染色体DNA的断裂是个渐进的分阶段的过程，染色体DNA首先在内源性的核酸水解酶作用下降解为50～300kb的片段，然后大约30%的染色质DNA在Ca^{2+}和Mg^{2+}依赖的核酸内切酶作用下，核小体单位间的DNA被随机切断，形成180～200bp核小体DNA多聚体。DNA双链断裂或只要一条链上出现缺口就会产生一系列DNA的3′-OH末端，在脱氧核糖核酸末端转移酶（TDT）的作用下，将脱氧核糖核酸和荧光素，过氧化物酶、磷酸化酶或生物素形成的衍生物标记到DNA的3′末端，就可进行凋亡细胞的检测，这类方法称为脱氧核糖核苷酸末端转移介导的缺口末端标记法（Terminal - deoxynucleotydyl Transterase Mediated Nick End Ladeling，TUNEL）。由于正常的或正在增殖的细胞几乎没有DNA的断裂，因而没有3′-OH形成，很少能够被染色。TUNEL法实际上是分子生物学与形态学相结合的研究方法，对完整的凋亡细胞核或凋亡小体进行原位染色，能准确地反映细胞凋亡最典型的生物化学特征，比DNA ladder测定法灵敏度要高，因而在细胞凋亡的研究中被广泛采用。

生物素（Biotin）标记的dUTP在TDT酶的作用下，可以掺入到凋亡细胞的双链或单链DNA的3′-OH末端，而生物素可与连接了过氧化物酶（POD）的亲和素（Streptavidin）特异结合，在POD底物二氨基联苯胺（DAB）存在下，可产生很强的颜色反应，特异准确地定位正在凋亡的细胞，因而在普通光学显微镜下即可观察和计数凋亡细胞。

【实验用品】

一、仪器与器具

显微镜、荧光显微镜、离心机、载玻片、盖玻片。

二、试　剂

（1）荧光染料：吖啶橙、Hoechst33258、碘化丙啶（PI）。

（2）FITC - annexin V细胞凋亡检测试剂盒。

（3）蛋白酶K溶液（200mg/ml）：0.02g蛋白酶K溶于100ml蒸馏水。

（4）2%过氧化氢：2.0ml过氧化氢（30%）加98.0ml蒸馏水。

（5）TDT缓冲液（pH7.2）新鲜配制：3.63gTrizma碱，29.69g二甲胂酸钠[（CH_3）$AsO_2Na \cdot 3H_2O$]，0.238g氯化钴（$CoCl_2 \cdot 3H_2O$），溶于990ml蒸馏水，用0.1mol/LHCl溶液调节pH至7.2，再加蒸馏水至1000ml。

（6）TB缓冲液：17.4g氯化钠，8.82g柠檬酸钠，加蒸馏水至1000ml。

（7）2%人血清白蛋白（HAS）或（BSA）：2.0gHAS或BSA溶于100ml蒸馏水。

（8）TDT酶/生物素-dUTP混合液：168mlTDT缓冲液，1ml TDT酶（Promega，51单位/ml），1ml生物素-dUTP。

（9）亲和素－过氧化物酶工作液：用含1%BSA或HAS的PBS将亲和素－过氧化物酶稀释80～100倍。

10. PBS（pH7.4）：K_2HPO_4 1.392g，$NaH_2PO_4 \cdot H_2O$ 0.276g，NaCl 8.770g，先溶于900ml蒸馏水，然后用0.01mol/LKOH调pH至7.4，并补足蒸馏水至1000ml。

11. 二氨基联苯胺（DAB）工作液（新鲜配制，避光保存）：5mgDAB，10mlPBS，pH7.4，临用前过滤，加0.02%（V/V）过氧化氢。

三、材　料

培养的细胞。

【方法与步骤】

（一）荧光染色显微形态学检测

1. 吖啶橙染色法

（1）诱导凋亡：取处于对数生长期的细胞，经紫外照射10min后，继续培养12h。制备活细胞悬液。

（2）取95μl的细胞悬液，加5μl的吖啶橙贮存液混匀。

（3）吸一滴混合液于洁净玻片上，直接用盖玻片封片。

（4）荧光显微镜观察。

2. Hoechst33258染色法

（1）经诱导凋亡后的原代细胞培养，细胞学涂片或细胞切片机制备的单细胞片。

（2）细胞固定液4℃固定5min。

（3）蒸馏水稍洗后，点加Hoechst33258染色液，10min。

（4）蒸馏水洗片后，用滤纸沾去多余液体。

（5）封片剂封片后荧光显微镜观察。

（二）细胞膜磷脂酰丝氨酸翻转的荧光检测

（1）0.2ml诱导凋亡的细胞悬液（10^6个/ml）用FITC－annexin V标记（可参考试剂盒说明书操作）。

（2）样品加1.5ml PI（50μg/ml，用PBS溶解），避光染色20min，染色后4h内测量。

（3）用荧光显微镜或流式细胞仪检测。

（三）凋亡细胞的原位末端标记检测

（1）爬片于4%中性甲醛溶液室温固定15min。

（2）PBS溶液洗3次，每次5min。

（3）蛋白酶K溶液（盖过细胞面）37℃下消化15min。

（4）蒸馏水洗3次，置2%过氧化氢中20min，以灭活内源性过氧化物酶。

（5）蒸馏水洗3次，TDT缓冲液洗1次，置TDT/生物素-dUTP混合液中，37℃保温过夜。

（6）TB缓冲液中室温15min终止反应。

（7）蒸馏水洗3次，于2%HAS或BSA中室温封闭15min。

（8）蒸馏水洗1次，PBS洗1次，5min。

（9）用1∶100稀释的亲和素-过氧化物酶于37℃孵育45min。

（10）蒸馏水洗1次，再用PBS洗1次，5min。

（11）用1∶100稀释的亲和素-过氧化物酶于37℃孵育45min。

（12）蒸馏水洗1次，再用PBS洗1次，5min。

（13）于DAB工作液中室温反应5~10min。

（14）蒸馏水洗2次，苏木精染色1~2min。

（15）蒸馏水洗3次，依次用梯度乙醇脱水，二甲苯透明，树胶封片，干燥后观察。

注意：一定要有阳性和阴性细胞对照。阳性细胞对照可使用地塞米松（1mmol/L，3~4h）处理的大、小鼠胸腺细胞。阴性对照不加TDT酶，其余步骤与实验相同。

可见凋亡细胞细胞核在紫蓝色背景下有黄褐色斑物质即为DNA断裂处。

【实验报告】

（1）绘图示细胞凋亡形态学变化。

（2）拍摄凋亡细胞的显微图像，描述其典型特征。

（3）讨论细胞凋亡实验技术在研究与实践中的应用。

实验 14 植物培养基的配制与愈伤组织的诱导

Ⅰ. 植物培养基的配制与灭菌

【实验目的】

使学生了解培养基母液的配制方法和注意事项；掌握培养基的配制及灭菌方法，为植物愈伤组织诱导实验准备培养基。

【实验原理】

植物培养基（Medium）是根据植物组织或细胞生长和维持所需的营养条件而进行人工配制的营养基质，一般都含有碳水化合物、含氮物质、无机盐（包括微量元素）以及维生素和水等营养成分。

配制培养基常采取预先配制不同组分的培养基母液（浓缩液），贮藏在冰箱，待配制接种培养基时，再按比例稀释。这样不仅减少了工作量，而且使微量元素更加准确。

由于培养基内有丰富的营养物质，极利于细菌和真菌繁殖，易造成污染，影响组培的成功，所以，培养基必须经过灭菌处理。一般有高温高压灭菌和常压过滤灭菌两种方法。高温高压灭菌，一般采用高压蒸汽灭菌锅进行操作；常压过滤灭菌，一般采用滤膜装置在超净台内进行操作。一些易受高温破坏的培养基成分，如 IAA、IBA、ZT 等，不宜用高温高压法灭菌，可采用过滤灭菌。

【实验用品】

实验按每 4 个学生一组，每组分发培养基母液及激素母液一套，50ml 量筒、1000ml 有刻度烧杯、吸球、电炉各 1 个，5ml 移液管 9 支，50ml 三角瓶 20 个。

公用仪器：pH 计、电子天平、高压蒸汽灭菌锅。

【方法与步骤】

一、培养基的配制

植物组织培养中常用的一种培养基是 MS 培养基。MS 培养基的配制包括以下步骤：

1. 培养基母液的配制和保存

MS 培养基含有近 30 种营养成分，为了避免每次配制培养基都要对这几十种成分进行称量，可将培养基中的各种成分，按原量的 10 倍或 100 倍分别称量，事先配成母液。这样每次使用时，只需取其总量的 1/10（100ml）或 1/100（10ml），加水稀释，便制成 1 倍培养液。现将制备培养基母液所需的各类物质的量列出，供配制时使用。

表 16－1　MS 培养基母液

类别	成分	规定量（mg）	称取量（mg）	母液体积（ml）	扩大倍数
大量元素（母液Ⅰ）	KNO_3	1900	19000	1000	10
	NH_4NO_3	1650	16500		
	$MgSO_4 \cdot 7H_2O$	370	3700		
	KH_2PO_4	170	1700		
	$CaCl_2 \cdot 2H_2O$	440	4400		
微量元素（母液Ⅱ）	$MnSO_4 \cdot 4H_2O$	22.30	2230	1000	100
	$ZnSO_4 \cdot 7H_2O$	8.6	860		
	HBO_3	6.2	620		
	KI	0.83	83		
	$Na_2MoO_4 \cdot 2H_2O$	0.25	25		
	$CuSO_4 \cdot 5H_2O$	0.025	2.5		
	$CoCl_2 \cdot 6H_2O$	0.025	2.5		
铁盐（母液Ⅲ）	Na_2－EDTA	37.25	3725	1000	100
	$FeSO_4 \cdot 7H_2O$	27.85	2785		
有机物（母液Ⅳ）	甘氨酸	2.0	100	500	100
	维生素 B_1	0.4	20		
	维生素 B_6	0.5	25		
	烟酸	0.5	25		
	肌醇	100	500		

以上各种营养成分的用量，除了母液Ⅰ为 10 倍浓缩液外，其余的均为 100 倍浓缩液。

上述几种母液都要单独配成 1l 的贮备液。其中，母液Ⅰ、母液Ⅱ及母液 III 的配制方法是：每种母液中的几种成分称量完毕后，分别用少量的蒸馏水彻底溶解，然后再将它们混溶，最后定容到 1l。

母液Ⅳ的配制方法是：将称好的各种有机质依次溶解到 450ml 蒸馏水中，边加边搅拌，使它们完全溶解，最后定容到 500ml，并保存在棕色玻璃瓶中。

各种母液配完后，分别用玻璃瓶贮存，并且贴上标签，注明母液号、配制倍数、日期等，保存在冰箱的冷藏室中。

MS 培养基中还需要加入 4 - 二氯苯氧乙酸（2，4 - D）、萘乙酸（NAA）、6 - 苄基嘌呤（6 - BA）等植物生长调节物质（植物激素如生长素和细胞分裂素等），它们是植物细胞脱分化和再分化必不可少的调节物质，事先也要分别配成母液（0.1mg/ml）贮存。其配制方法是：分别称取这 3 种物质各 10mg，将 2，4 - D 和 NAA 用少量（1ml）无水乙醇预溶，将 6 - BA 用少量（1ml）的 0.1M NaOH 溶液溶解，溶解过程需要水浴加热，最后分别定容至 100ml，即得质量浓度为 0.1mg/mL 的母液。

2. 配制培养液

用量筒或移液管从各种母液中分别取出所需的用量：母液 Ⅰ 为 50ml，母液 Ⅱ、Ⅲ、ⅣA 和ⅣB 各 5ml。再取 4 - D 5ml、NAA 1ml，与各种母液一起放入烧杯中。

溶化琼脂：用粗天平分别称取琼脂条 8g（琼脂使培养基呈固体状态，有利于外植体的生长）、蔗糖 30g（离体组织赖以生长的重要营养成分），放入 500ml 的搪瓷量杯中，再加入蒸馏水约 425ml，用电炉加热，边加热边用玻璃棒搅拌，直到液体呈半透明状。然后再将配好的混合培养液加入到煮沸的琼脂中，最后加蒸馏水定容至 500ml，搅拌均匀。

调 pH：用滴管吸取 1M 的 NaOH 和 HCL 溶液，逐滴滴入溶化的培养基中，边滴边搅拌，并随时用精密 pH 试纸（5.4 ~ 7.0）测培养基的酸碱度，直到培养基的 pH 为 5.8 为止（培养基的 pH 必须严格控制在 5.8）。

3. 培养基的分装

溶化的培养基应该趁热分装。分装时，先将培养基倒入烧杯中，然后再将烧杯中的培养基倒入锥形瓶（50ml 或 100ml）中。注意不要让培养基沾到瓶口和瓶壁上。可用玻璃棒引流。锥形瓶中培养基的量约为锥形瓶容量的 1/5 ~ 1/4。每 1000ml 培养基，可分装 25 ~ 30 瓶。培养基分装完毕后，应及时封盖瓶口。并用线绳捆扎。最后在锥形瓶外壁贴上标签。

灭菌后取出锥形瓶，让其中的培养基自然冷却凝固。最好放置 1d 后再使用。

4. 配制培养液时应注意：

（1）在使用提前配制的母液时，应在量取各种母液之前，轻轻摇动盛放母液的瓶子，如果发现瓶中有沉淀、悬浮物或被微生物污染，应立即淘汰这种母液，重新进行配制。

（2）用量筒或移液管量取培养基母液之前，必须用所量取的母液将量筒或移液管润洗 2 次。

（3）量取母液时，最好将各种母液按将要量取的顺序写在纸上，量取 1 种，划掉1种，以免出错。

（4）在加热琼脂、制备培养基的过程中，操作者千万不能离开，否则沸腾的琼脂外溢，就需要重新称量、制备。如果没有搪瓷量杯，可用大烧杯代替。但要注意大烧杯底部外表面不能沾水，否则加热时烧杯容易炸裂，使溶液外溢，造成烫伤。

（5）注意不要让培养基沾到瓶口和瓶壁上，锥形瓶中培养基的量约为锥形瓶容量的1/5～1/4。

二、培养基的灭菌

培养基的高压灭菌包括以下几个步骤。

（1）码放锥形瓶。将装有培养基的锥形瓶直立于金属小筐中，再放入高压蒸汽灭菌锅内。如果没有金属小筐，可以在两层锥形瓶之间放一块隔板隔开。要留有空隙，以便于蒸汽循环。

（2）放置其他需要灭菌的物品。如装有蒸馏水的锥形瓶、带螺口盖的玻璃瓶、烧杯、广口瓶（以上物品须用牛皮纸封口），培养皿、剪刀、解剖刀、镊子、滤纸、铅笔等（以上物品须用牛皮纸包裹）。

（3）灭菌。待需要灭菌的物品码放完毕，盖上锅盖。在98kPa、121.3℃下，灭菌20min。

（4）使用前，须检查灭菌锅内蒸馏水量，一定要浸没电阻丝。

（5）注意冷空气排放，以蒸汽柱出现再关闭放气阀（约5min）。

（6）灭菌20min后，自然冷却，不能直接放汽冷却。

【实验报告】

（1）MS母液的配制应注意哪些问题？

（2）高温灭菌锅的冷空气如何排放？

Ⅱ. 愈伤组织诱导技术

【实验目的】

理解植物组织培养技术的基本原理、目的、要求和方法步骤；掌握植物组织培养的操作技能；了解胡萝卜愈伤组织的形成和培养基配置及植物再分化过程。

【实验原理】

植物细胞具有全能性。在无菌条件下，把植物体的器官或组织片段切下来，接种在适当的人工培养基上进行离体培养，这些器官或组织的细胞就会经过脱分化和再分化的过程，逐渐产生出植物的各种组织和器官，进而发育成一棵完整的植株。用于离体培养的植物器官或组织片段，叫做外植体。处理胡萝卜分生组织较旺盛的细胞，形成愈伤组织（Callus），再由愈伤组织分化为根、芽等植物各部，继续培养成完整植株。

【实验用品】

一、器　械

超净工作台、不锈钢镊子、剪刀、解剖刀、酒精灯等。

二、试　剂

70%酒精、新洁尔灭、次氯酸、配制的培养基。

三、材　料

胡萝卜根。

【方法与步骤】

1. 接种前的准备

接种前，操作者要用肥皂清洗双手，擦干，再用体积分数为 70% 的酒精棉球擦拭双手。超净工作台提前 20min 打开，并用 0.25% 新洁尔灭消毒台面，放入培养瓶和接种用具（盛有酒精棉球的广口瓶、培养皿、带螺口盖的玻璃瓶、烧杯、无菌水、酒精灯、镊子、解剖刀、火柴、滤纸）。

2. 外植体的消毒

外植体必须经过表面消毒剂消毒后才可使用，向广口瓶中倒入适量的质量分数为 2% 的次氯酸钠溶液，取一小段洗净去皮的胡萝卜根，浸入次氯酸钠溶液中，拧上瓶盖，放在超净台内消毒 10 ~ 15min。消毒期间，要将玻璃瓶摇动 2 ~3 次。表面消毒剂除了用次氯酸钠外，还可用质量分数为 9% ~10% 的次氯酸钙溶液处理 5 ~30min，或者用体积分数为 10% ~12% 的过氧化氢溶液处理 5 ~15min 进行消毒。

消毒后，打开瓶盖，将消毒液倒入烧杯中。在玻璃瓶中加入适量的无菌水，盖上瓶盖，摇动数次，将水倒去，重复 3 ~4 次。用无菌滤纸将胡萝卜表面的水吸干。

在无菌条件下，将消毒过的实验材料切成小块，制备外植体。例如，胡萝卜根的制备方法是：用解剖刀将小段的胡萝卜根切去四周，留下中间带形成层的部分，切成 1cm × 1cm 的小方片。又如，菊的制备方法是：切去叶柄，将叶片从叶脉处剪开，再切成 3 ~4mm^2 的小块；嫩茎需切取两个节之间的节间部分，长约 1cm。切取的外植体要放入无菌培养皿中。

注意外植体切割时，动作要快，否则会造成失水而影响生长。为防止操作时失水也可在培养皿中滴几滴无菌水，然后将无菌苗置于其中进行切割。

3. 接种时的注意事项

（1）每接种一块外植体前，镊子需放入体积分数为70%的酒精溶液中消毒1次，然后在酒精灯火焰上烧一遍，冷却后再接种。注意，沾有酒精的镊子要等到酒精挥发完后，再放到酒精灯火焰上灼烧。千万注意：手和衣袖要与酒精灯火焰保持适当距离，以免烧伤。

（2）外植体放入培养基时，用镊子夹取，迅速接种于锥形瓶的培养基中，尽量使切口接触培养基。注意锥形瓶口应斜向火焰，每瓶放置外植体的数量，应该根据锥形瓶的大小来确定，一般放置胡萝卜3～4块，菊的茎或叶6～8块。注意外植体也不要放得太少，以充分利用培养基中的营养成分。

（3）接种用的酒精灯，火焰不要调得太高，接种时应靠近酒精灯火焰操作，接种的速度要快。

4. 愈伤组织和试管苗的培养

（1）愈伤组织的培养。一般来说，从接种外植体到出现愈伤组织，需要经过2周时间。2周之内就可以看到外植体上逐渐长出乳白色或黄白色的瘤状愈伤组织。首次培养愈伤组织时，恒温箱的门应该关闭，不必见光，因为在无光条件于、24℃下愈伤组织长得更快。2周以后，由于培养基中的营养成分已接近耗尽，必须更换培养基，进行继代培养。

（2）愈伤组织的继代培养。进行继代培养所用的培养基，和培养愈伤组织所用的培养基相同。在严格的无菌条件下（接种箱内）将愈伤组织连同原来的外植体，一起移到新的培养基上。愈伤组织的继代培养，一代为20d。如果延长培养时间，培养基中的营养物质会减少，外植体也会分泌一些有毒物质，造成自身中毒。20d以后，可以根据愈伤组织的大小，决定是继续进行继代培养，还是进行试管苗培养。如果愈伤组织长到直径为1～1.5cm时，就可以进行试管苗培养，否则还需要进行第二次继代培养。

在愈伤组织进行继代培养期间，可以将恒温箱的灯打开，让愈伤组织见光。愈伤组织见光后，颜色可以转为绿色。

（3）试管苗的培养。当愈伤组织长到一定大小后，可以更换培养基，进行试管苗的培养。试管苗的培养分为生芽培养和生根培养。要想培育出一株完整的试管幼苗，必须先进行生芽培养，然后进行生根培养。如果顺序颠倒，先诱导生根，就不好诱导生芽了。生芽大约需要4～6周的时间，而生根培养时，1周以后就可以见到幼根了。注意，试管苗应该进行见光培养。

【实验报告】

（1）在植物组织培养的过程中，应注意哪些事项？

（2）在植物组织培养的过程中，为什么要进行一系列的消毒、灭菌?

（3）用胡萝卜根进行植物组织培养时，为什么要切取有形成层的部分作为外植体?

（4）写出实验结果。

实验15 动物培养基的配制与动物细胞原代培养

Ⅰ. 动物培养基的配制与灭菌

【实验目的】

使学生掌握动物培养基的配制及灭菌方法，为动物细胞培养做准备。提高学生的无菌操作技能和增强学生的无菌意识。

【实验原理】

动物细胞（组织）早期培养是利用天然培养基，目前，人工合成培养基已经成为一种标准化的商品，RPMI1640 干粉培养基就是其中一种，它是根据天然培养基的成分，用化学物质模拟合成的人工培养基。

常压过滤灭菌原理是让添加好各种物质后的培养基溶液通过滤膜（除菌滤膜其孔径尺寸一般要小于或等于0.4μm），细菌的细胞和孢子等因直径大于滤膜孔径而被阻，并且滤膜的吸附作用也不容忽视，往往小于滤膜孔径的细菌等亦不能透过。一般需要过滤灭菌的培养液量大时，常使用抽滤装置；培养液量少时可用注射过滤器。注射过滤器由注射器、滤器（可更换）、持着部分和针管等几部分组成。注射器不必先经高压灭菌，而后面几部分要预先用铝箔或牛皮纸等包扎好，经高压灭菌，滤器灭菌不应超过121℃。

【实验用品】

一、器　具

电子天平、微孔滤器、pH 计，高压蒸汽灭菌锅、超净工作台。

二、试　剂

RPMI1640 干粉培养基，胎牛血清，7.4% $NaHCO_3$，10000 单位/ml 青、链霉素溶液。

【方法与步骤】

1. RPMI1640 的制备与灭菌

制备配方：1640 干粉培养基　80% ~90%

胎牛血清 10% ~20%

1万单位/ml 青、链霉素，稀释后浓度约100单位/ml

7.4% $NaHCO_3$，调pH至6.8~7.0

（1）溶解、调pH值、定容：先将培养基粉剂加入到双蒸水中（占培养液总体积2/3），并用双蒸水冲洗包装袋2~3次（冲洗液一并加入培养基中），充分搅拌至粉剂全部溶解，并按照包装说明添加一定的药品。然后用注射器向培养基中加入配制好的青、链霉素液各0.5ml，使青、链霉素的浓度最终各为100单位/ml。然后用7.4% $NaHCO_3$ 调pH到7.0左右。最后定容至1000ml，摇匀。

（2）组装注射过滤灭菌器（滤器）：打开滤器，按规定放好润湿的滤膜，拧上滤器，用注射器检查气密性。

（3）抽滤：配制好的少量培养液通常在超净工作台内用滤器过滤除菌。抽滤前还须检查一次经过高温灭菌后的滤器的气密性。

蔡式过滤器是实验室内常用的一种注射滤器。在使用前按无菌操作要求将蔡式过滤器的几个部分装配在一起，然后把吸有需要过滤灭菌溶液的注射器插入与之相配合的过滤器插接口中，推压注射器活塞杆，将溶液压过滤膜，从针管部分滴出的溶液就是无菌溶液了，但是滤膜不能阻挡病毒粒子通过。过滤后的溶液要按无菌操作要求尽快移入培养瓶中，以免重新遭到污染。

（4）分装：将过滤好的培养液分装入小瓶内，标明培养基种类、日期、瓶号等，置于4℃冰箱内待用。

2. 血清处理

细胞培养常用的是小牛血清，新买来的血清要在56℃水浴中灭活30分钟后，再经过抽滤方可加入培养基中使用，一般厂商提供的血清是无菌的，不需再无菌过滤。若发现血清有许多悬浮物，则可将血清加入培养基内一起过滤，勿直接过滤血清。

血清解冻步骤（逐步解冻法）：-20℃或-70℃至4℃冰箱融化一天，至室温下全融后再分装，一般50ml无菌离心管可分装40~45ml。在溶解过程中，需轻柔摇晃均匀（小心勿造成气泡），使温度与成分均一，减少沉淀的发生。勿直接由-20℃至37℃解冻，因温度改变太大，容易造成蛋白质凝结而发生沉淀。

3. 平衡盐液—Hank's 液的配制、调节和灭菌：

Hanks液配方：KH_2PO_4 0.06g，NaCl 8.0g，$NaHCO_3$ 0.35g，KCl 0.4g，葡萄糖1.0g，$Na_2HPO_4 \cdot H_2O$ 0.06g，加 H_2O 至1000ml。

调节pH：用7.4% $NaHCO_3$ 调pH至6.8~7.0。

灭菌：Hanks液可以按常规高压灭菌。4℃保存。

4. 注意事项

（1）配制溶液时必须用新鲜的蒸馏水。MilliQ水或二次至三次蒸馏水，水的品质非常重要。

(2) 安装滤器时通常使用孔径为0.1或0.2μm无菌过滤膜（或0.45μm和0.22μm滤膜各一张，放置位置为0.45μm的位于0.22μm的滤膜上方），并且要特别注意滤膜光面朝上。事先要湿润滤膜（5min）。

(3) 配制RPMI1640培养基时因为还要加入小牛血清，而小牛血清略偏酸性，为了保证培养液pH值最终为7.2，可在配制时调pH至7.2~7.4。除非pH值偏差太大，否则不需用酸碱再调整之。若为太偏碱，可再通入CO_2气体调整pH。另外，培养基通过滤膜时，pH可能会升高0.1~0.2。

(4) $NaHCO_3$是培养基中必须添加的成分，一般情况下按说明书的要求准确添加，以保证培养基在5% CO_2的环境下pH达到设计标准。如果是封闭式培养，即不与5% CO_2的环境发生交换达到平衡，所使用的培养基就不能按照说明书所要求加入$NaHCO_3$。此时常用5.6%或7.4%的$NaHCO_3$溶液调节培养基，使之达到所要求的pH环境。

若将$NaHCO_3$粉末直接加入液体培养基中会造成pH误差，造成局部过碱。因此粉末培养基及$NaHCO_3$粉末应分别溶解后再混合。然后通入CO_2气体至饱和，约3~5min后调整pH，不能用强酸（HCl）或强碱（NaOH）调节，因为氯离子对细胞生长可能有影响，且贮存时培养基的pH易发生改变。

(5) 液体培养基（加血清）存放期为6个月，期间谷氨酸可能会分解，若细胞生长不佳，可以再添加适量谷氨酸。

【实验报告】

(1) RPMI1640培养基配制应注意哪些问题？

(2) 抽滤灭菌与高温湿热灭菌有何不同？

Ⅱ. 动物细胞原代培养

【实验目的】

理解动物组织培养技术的基本原理，初步掌握动物组织培养的操作技能。

【实验原理】

将动物机体的各种组织从机体中取出，经各种酶（常用胰蛋白酶）、螯合剂（常用EDTA）或机械方法处理，分散成单细胞或组织块，置合适的培养基中培养，使离体的细胞或组织块能够正常生存、生长和繁殖，这一过程称原代培养。

【实验用品】

一、仪　器

培养箱（调整至 37℃），培养瓶、青霉素瓶、小玻璃漏斗、平皿、吸管、移液管、纱布、手术器械、血球计数板、离心机、水浴锅（37℃）。

二、试　剂

1640 培养基、小牛血清、0.25% 胰酶、Hanks 液、75% 酒精、碘酒。

三、材　料

胎鼠或新生鼠。

【方法与步骤】

一、胰酶消化法

（1）取材：将孕鼠或新生小鼠拉颈椎致死，置 75% 酒精泡 2 ~ 3 秒钟（时间不能过长、以免酒精从口和肛门浸入体内），再用碘酒消毒腹部，取胎鼠带入超净台内或将新生小鼠在超净台内解剖，取肝脏，置平皿中。

（2）用 Hanks 液洗涤 3 次，并剔除脂肪，结缔组织，血液等杂物。

（3）用手术剪将肝脏剪成小块（$1mm^3$），再用 Hanks 液洗 3 次，转移至小青霉素瓶中。

（4）视组织块量加入 5 ~ 6 倍的 0.25% 胰酶液，37℃ 中消化 20 ~ 40min，每隔 5min 振荡一次，或用吸管吹打一次，使细胞分离。

（5）加入 3 ~ 5ml 培养液以终止胰酶消化作用（或加入胰酶抑制剂）。

（6）静置 5 ~ 10min，使未分散的组织块下沉，取悬液加入到离心管中。

（7）1000rpm，离心 5min，弃上清液。

（8）加入 Hanks 液 5ml，冲散细胞，再离心一次，弃上清液。

（9）加入培养液 1 ~ 2ml（视细胞量），血球计数板计数。

（10）将细胞调整到 5×10^5/ml 左右，转移至 25ml 细胞培养瓶中培养。

上述消化分离的方法是最基本的方法，在该方法的基础上，可进一步分离不同细胞。细胞分离的方法各实验室不同，所采用的消化酶也不相同（如胶原酶，透明质酶等）。

二、组织块直接培养法

自上方法第 3 步后，将组织块转移到培养瓶，贴附与瓶底面。翻转瓶底朝上，将培养液加至瓶中，此时勿让培养液接触组织块。移入 37℃ 培养箱静置 3 ~ 5h 后，轻轻翻转培养瓶，使组织块浸入培养液中（勿使组织漂起），37℃ 下继续培养 3 ~ 5 天，观察记录。

三、培养注意事项

（1）自取材开始，保持所有组织细胞处于无菌条件。细胞计数可在有菌环境中进行。

（2）在超净台中，组织细胞、培养液等不能暴露过久，以免溶液蒸发。

（3）凡在超净台外操作的步骤，各器皿需用盖子或橡皮塞，以防止细菌落入。

四、无菌操作注意事项

（1）操作前要洗手，进入超净台后手要用75%酒精或0.2%新洁尔灭擦试。试剂等瓶口也要擦试。

（2）点燃酒精灯，操作在火焰附近进行，耐热物品要经常在火焰上灼烧，金属器械灼烧时间不能太长，并冷却后才能夹取组织，吸取过营养液的用具不能再灼烧，以免烧焦形成碳膜。

（3）操作动作要准确敏捷，但又不能太快，以防空气流动，增加污染机会。

（4）不能用手触已消毒器皿的工作部分，工作台面上用品要布局合理。

（5）瓶子开口后要尽量保持45°斜位。

（6）吸溶液的吸管等不能混用。

【实验报告】

（1）在动物组织培养的过程中，应注意哪些事项？

（2）在动物组织培养的过程中，为什么要进行一系列的消毒、灭菌？

（3）写出实验结果，并讨论。

实验 16 培养细胞的形态观察和活细胞的鉴定与计数

【实验目的】

了解培养中的动物细胞的一般形态和生长状态；掌握活细胞的鉴定和培养细胞计数的基本方法。

【实验原理】

体外培养的细胞主要有两种状态：一种是能贴附在培养支持物上的细胞，如 HeLa 细胞、NIH3T3 等，叫贴壁型细胞，体外培养的细胞绝大多数都属于这种细胞；另一种细胞并不贴附在容器的壁上，而是悬浮在培养液中生长，如 HL－60，叫做悬浮型细胞，这类细胞主要是血液原性或癌原性的细胞。

【实验用品】

一、器材和仪器

倒置显微镜、细胞计数板、普通光学显微镜、乳头吸管。

二、试　剂

0.3% 台盼兰染液、0.25% 胰蛋白酶～0.02% EDTA 混合消化液。

三、材料和标本

培养中的 HeLa 细胞（人子宫颈癌上皮细胞）、NIH3T3（小鼠成纤维细胞）、HL－60 细胞（人白血病细胞）。

【方法与步骤】

一、培养细胞的形态观察

1. 操　作

（1）将细胞培养瓶从 37℃二氧化碳培养箱（或温箱）中取出，注意观察细胞培养液的颜色和清澈度。然后，将细胞培养瓶平稳地放在倒置显微镜载物台上，此时应注意不要将瓶翻转，也不要让瓶内的液体接触瓶塞或流出瓶口。

（2）打开倒置镜光源，通过双筒目镜将视野调到合适的亮度。

（3）调节载物台的高度进行对焦，在看到细胞层之后，再用细调节器将物像调清楚，注意观察细胞的轮廓、形状和内部结构。在观察时，最经常使用的是10×物镜。

2. 结　果

贴壁细胞一般有两种形状，即上皮细胞形和成纤维细胞形细胞。上皮细胞形细胞呈扁平的不规则多角形，圆形核位于中央，生长时常彼此紧密连接成单层细胞片，如HeLa细胞。成纤维细胞形细胞形态与体内成纤维细胞形态相似，胞体呈梭形或不规则三角形，中央有圆核，胞质向外伸出2～3个长短不同的突起，细胞群常借原生质突连接成网，如NIH3T3。

贴壁细胞在生长状态良好时，细胞内颗粒少，看不到有空泡，细胞边缘清楚，培养基内看不到悬浮的细胞和碎片，培养液清澈透明，而当细胞内颗粒较多，透明差，空泡多时，表明生长较差。当瓶内培养基混浊时，应想到细菌或真菌污染的可能。悬浮细胞当边缘清楚、透明发亮时，生长较好；反之，则较差或已死亡。由于培养基内有pH指示剂的存在，因此它的颜色往往可以间接地表明细胞的生长状态。呈橙黄色时，细胞一般生长状态较好；呈淡黄色时，则可能是培养时间过长，营养不足，死亡细胞过多；如呈紫红色，则可能是细胞生长状态不好，或已死亡。实际上，一种细胞在培养中的形态并不是永恒不变的，它随营养、pH、生长周期而改变，但在比较稳定的条件下形态基本是一致的。在贴壁细胞培养中，镜下折光率高，圆而发亮的一般被认为是分裂期细胞。肿瘤细胞有重叠生长的特征。

二、培养细胞的计数及活细胞的鉴定

在细胞生物学和细胞工程的实验中，往往要进行活细胞的鉴定和细胞的计数，以及细胞密度的调整，这些操作是进行实验必不可少的一种基本技能。

1. 操　作

（1）将培养瓶中的培养液倒入干净试管中，向培养瓶中加入0.25%胰蛋白酶-0.02%EDTA混合消化液1ml，静置3～5分钟，待见到细胞变圆，彼此不连接为止。

（2）将试管中的培养液倒回培养瓶中，并轻轻进行吹打，制成细胞悬液。

（3）取细胞悬液0.5ml，加入0.3%台盼兰染液0.5ml，混合后染色3～5min。

（4）滴加少许已染色的细胞悬液于放有盖片的细胞计数板的斜面上，使液体自然充满计数板小室。注意不要使小室内有气泡产生，否则要重新滴加。

（5）在普通光镜10×物镜下计数四个大格内（如图16-1示）的细胞数，压线者数上不数下，数左不数右。

2. 结　果

细胞浓度的计数：

（1）4 大格中的每一大格体积为 0. 1mm^3。1ml = 10000 大格，因此，1 大格细胞数 × 10^4 = 细胞数/ml。

（2）染色标本在 15min 内检查计数，因为台盼兰染液可以迅速地使死细胞染上蓝色，延长时间活细胞也将着色，用此方法来分辨死活细胞。

进行细胞计数时应力求准确，因此，在科学研究中，往往将计数板的两侧都滴加上细胞悬液，并同时滴加几块计数板（或反复滴加一块计数板几次），最后取结果的平均值。

【实验报告】

将你计数的每毫升细胞悬液中的细胞总数，死、活细胞的百分比例计算出来。

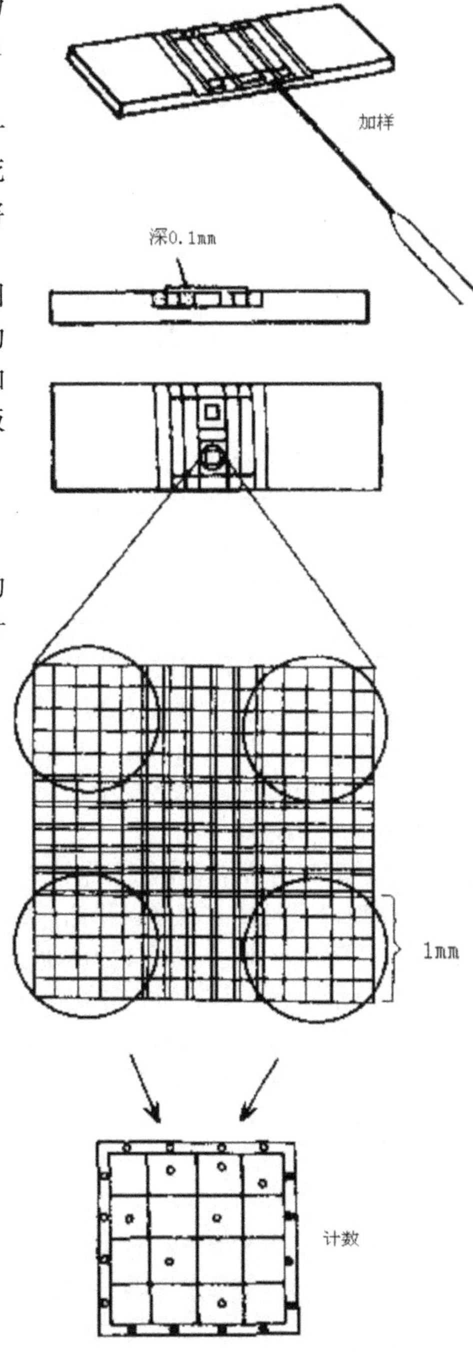

图 16 – 1　细胞计数流程

实验17 细胞的冻存和复苏

【目的要求】

(1) 掌握细胞冻存的要求与原理。

(2) 学会进行细胞冻存与复苏操作。

【实验原理】

细胞冻存是细胞保存的主要方法之一。利用冻存技术将细胞置于液氮中低温保存，可以使细胞暂时脱离生长状态而将其细胞特性保存起来，这样在需要的时候再复苏细胞用于实验。而且适度地保存一定量的细胞，可以防止因正在培养的细胞被污染或其他意外事件而使细胞丢种，起到了细胞保种的作用。除此之外，还可以利用细胞冻存的形式来购买、寄赠、交换和运送某些细胞。

在不加任何条件下直接冻存细胞时，细胞内和外环境中的水都会形成冰晶，能导致细胞内发生机械损伤、电解质升高、渗透压改变、脱水、pH改变、蛋白变性等，能引起细胞死亡。如向培养液加入保护剂，可使冰点降低。在缓慢的冻结条件下，能使细胞内水分在冻结前透出细胞。贮存在－130℃以下的低温中能减少冰晶的形成。

细胞冻存时向培养基中加入保护剂——终浓度5%－15%的甘油或二甲基亚砜（DMSO），可使溶液冰点降低，加之在缓慢冻结条件下，细胞内水分透出，减少了冰晶形成，从而避免细胞损伤。采用“慢冻快融”的方法能较好地保证细胞存活。标准冷冻速度开始为－1到－2℃/min，当温度低于－25℃时可加速，到－80℃之后可直接投入液氮内（－196℃）。复苏细胞时则直接将装有细胞的冻存管投入37℃热水中迅速解冻。

【实验用品】

一、器 材

4℃冰箱、－70℃冰箱、液氮罐、离心机、水浴锅、微量加样器、冻存管（塑料螺口专用冻存管或安瓿瓶）、离心管、吸管等。

二、试 剂

0.25%胰酶、细胞培养基、冻存液。

冻存液配制：培养基加入甘油或DSMO，使其浓度5%～20%。保护剂的种类和用量视不同细胞而不同。配好后4℃下保存。

三、材 料

体外培养的细胞。

【方法与步骤】

1. 冻 存

（1）取生长状态好的细胞消化制成细胞悬液，将细胞悬液收集至离心管中。

（2）1000r/min离心5min，弃上清液。

（3）沉淀加含保护剂的培养液，计数，调整至5×10^6个细胞左右。

（4）将悬液分至冻存管中，每管1ml。

（5）将冻存管口封严。

（6）贴上标签，写明细胞种类，冻存日期。

（7）按下列顺序降温：室温→4℃（20min）→冰箱冷冻室（30min）→低温冰箱（-70℃，1h）→液氮。

注意：操作时应小心，以免液氮冻伤。液氮定期检查，随时补充，绝对不能挥发干净。

2. 复 苏

（1）从液氮中取出冻存管，迅速置于37℃温水中并不断搅动。使冻存物在1min之内融化。

（2）打开冻存管，将细胞悬液吸到离心管中。

（3）1000r/min离心5min，弃去上清液。

（4）沉淀加8ml培养液，吹打均匀，再离心5min，弃上清液。

（5）加适当培养基后将细胞转移至培养瓶中，37℃培养，第二天观察生长情况。

【实验报告】

（1）阐述细胞冻存与复苏的详细过程及各过程的注意事项。

（2）观察细胞复苏后的生长情况，对结果进行分析。

实验 18 磷酸钙沉淀法转染细胞实验

【目的要求】

了解细胞转染技术原理和基本方法；掌握磷酸钙沉淀的基本技术要点。

【实验原理】

磷酸钙沉淀法是基于磷酸钙－DNA 复合物的一种将 DNA 导入真核细胞的转染方法，磷酸钙被认为有利于促进外源 DNA 与靶细胞表面的结合。磷酸钙－DNA 复合物粘附到细胞膜并通过胞饮作用或通过细胞膜脂相收缩时裂开的空隙进入靶细胞，被转染的 DNA 可以整合到靶细胞的染色体中从而产生有不同基因型和表型的稳定克隆。可广泛用于转染许多不同类型的细胞，不但适用于短暂表达，也可生成稳定的转化产物。此方法对于贴壁细胞转染是最常用并首选的方法。

【实验用品】

一、仪器和器具

CO_2 恒温培养箱，100mm 组织培养平板、1.5ml 锥形管。

二、试　剂

（1）完全培养液（依所用的细胞系而定）。

（2）纯化的绿色荧光蛋白（GFP、10～50μg/次转染）。

（3）2×HEPES 缓冲盐水（HeBS、pH6.95～7.05）：50.0mmol/L HEPES、280mmol/L NaCl、10mmol/L KCl、1.5mmol/L 葡萄糖。用 0.5mmol/L NaOH 调 pH 至 6.95～7.05，过滤除菌后，－20℃保存备用。

（4）2.5mol/L $CaCl_2$，过滤除菌，－20℃保存备用。

（5）磷酸盐缓冲液（PBS）。

三、材　料

呈指数生长的真核细胞，如 HeLa、BALB/c 3T3、NIH 3T3、CHO 或鼠胚胎成纤维细胞。

【方法与步骤】

（1）传代细胞准备：细胞在转染前 24h 传代，待细胞密度达 50%～60% 时即可进行转染。加入沉淀前 3 ~ 4h，用 9ml 完全培养液培养细胞。

（2）DNA 沉淀液的准备：首先将质粒 DNA 用乙醇沉淀（10 ~ 50μg/10cm 平板），空气中晾干沉淀，将 DNA 沉淀液重悬于 450μl 无菌水中，加 50μl 2.5/molL $CaCl_2$。

（3）用巴斯德吸管向 500μl 2 × HeBS 中逐渐滴加入 DNA – $CaCl_2$ 溶液，同时用另一吸管吹打溶液，直至 DNA – $CaCl_2$ 溶液滴完，整个过程需缓慢进行，至少需持续 1 ~ 2min。

（4）室温静置 25min，出现细小颗粒沉淀。

（5）将沉淀逐滴均匀加入到 10cm 平板中，轻轻晃动。

（6）在标准生长条件下培养细胞 4 ~ 16h。除去培养液，用 5ml 1 × HeBS 洗细胞 2 次，加入 10ml 完全培养液。

（7）在倒置荧光显微镜下观察细胞内的绿色荧光，根据绿色荧光细胞数量与总细胞数的比例计算转染效率。

【注意事项】

（1）提取的 DNA 中不能含蛋白和酚，乙醇沉淀后的 DNA 应保持无菌。

（2）沉淀物的大小和质量对于磷酸钙转染的成功至关重要。在磷酸盐溶液中加入 DNA – $CaCl_2$ 溶液时须用空气吹打，以确保形成尽可能细小的沉淀物，因为成团的 DNA 不能有效地黏附和进入细胞。

（3）严格控制 pH，缓冲液的 pH 限定在 7.1 ±0.05。

【实验报告】

（1）总结实验过程，根据实验结果理解磷酸钙沉淀法转染细胞的基本原理。

（2）根据绿色荧光细胞数量与总细胞数的比例计算转染效率。

第二部分　综合性实验

实验 19　石蜡切片技术及用 PAS 反应显示细胞内多糖物质

【实验目的】

掌握石蜡切片的制作原理，了解石蜡切片制作的基本过程；了解 PAS 反应原理，学习 PAS 染色方法。提高学生的综合实验技能。

【实验原理】

石蜡切片是最基本的组织切片技术。有机体组织因为柔软并含有大量水分而不易被切成薄片，故必须增加组织的硬度。石蜡切片法就是使低熔点的石蜡渗入组织内，冷却后以达到支持增硬组织的作用。

制成的薄片，因为无色透明还需经过染色才能在显微镜下观察，苏木精与伊红对比染色法（简称 HE 染色法）是普通组织切片最常用的染色方法。这种方法适用范围广泛，对动物、植物组织细胞的各种成分都可着色，而且对固定材料的固定液无选择，染色后不易褪色，便于长期保存。

经过 HE 染色后，细胞质被伊红染色呈粉红色，细胞核被苏木精染成蓝紫色。

PAS 染色方法是基于细胞内的多糖而设计的。多糖分子中存在自由的醛基，但不能通过醛基反应而显示。糖中的醛基必须在某些氧化剂和水解剂的作用下才能显露出来。过碘酸是一种能把多糖氧化成高分子醛化物的氧化剂，它能将多糖的 CHOH－CHOH 基团氧化为 CHO－CHO 基团，这种高分子醛化物基团可被 Schiff 试剂染色，形成紫红色的化合物。

切片制作全过程包括：取材→固定→冲洗（洗涤）→脱水→透明→浸蜡→包埋→切片→贴片→烘片→脱蜡→复水→染色→脱水→透明→封藏。

石蜡制片程序及环节繁多，需数日才能完成 1 个周期，但切片可长期保存，虽然冰冻切片大大快于石蜡切片，但所显示的形态结构却不如前者，并且石蜡制片可以切得更薄，2μm 以至 1μm。

【实验用品】

一、器 材

显微镜、恒温水浴锅、恒温培养箱，切片机、染色缸、解剖盘、剪刀、镊子、双面刀片、载玻片、盖玻片、吸管、牙签、吸水纸。

二、试 剂

1. 卡诺氏固定液（Carnoy's Fluid，3 份 100% 酒精∶1 份冰醋酸）

适用于一般动植物组织和细胞的固定，常用于根尖，花药压片及子房组织等，有极快的渗透力，根尖材料固定 15～20min 即可，花药则需 1h 左右，此液固定最多不超过 24h，固定后用 95% 酒精冲洗至不含冰醋酸为止。如果材料不立即使用，需转入 70% 酒精中保存。

2. Bouin 氏液

常用的良好固定液，广泛应用于一般动物组织、昆虫组织、无脊椎动物的卵和幼虫，以及胚胎学材料的固定。也适用于裸子植物的雌配子体和被子植物的胚囊的固定。

Bouin 氏液配方：

苦味酸饱和水溶液	75 份
福尔马林	25 份
冰醋酸	5 份

此液穿透迅速而均匀，使组织收缩少，不使组织变硬变脆，着色良好。一般动物组织固定 12～24h，小块组织数小时即可。固定后直接入 70% 酒精中洗去黄色，但留一点黄色对染色并无妨碍。植物材料的固定时间为 12～48h。

3. 埃利希苏木精染液的配法

苏木精	1g
无水酒精	50ml
冰醋酸	5ml
甘油	50ml
钾矾（硫酸铝钾）	约 5g（饱和量）
蒸馏水	50ml

配法：

（1）将苏木精溶于约 15ml 的纯酒精中，再加冰醋酸后搅拌。

（2）当苏木精溶解后即将甘油倒入并摇动容器，同时加入其余的酒精。

（3）将钾矾在研钵中研碎并加热，然后将它溶解于水中。

（4）将温热的钾矾溶液一滴一滴地加入上述染液中，并随时搅动。

此液混合完毕，将瓶口用一层纱布包着小块棉花塞起来，放在暗处通风的地方，并经常摇动以促进它的成熟。成熟时间约3～4周。若加入0.2g碘酸钠，可立刻成熟。此液稳定而染色均匀，染核效果良好，不会发生沉淀，长期贮备无妨。此液可分别与伊红等进行二重染色。

4. 1% 伊红酒精溶液

伊红1g溶于100ml95%酒精溶液。

5. 1% 盐酸乙醇液

盐酸1份，70%酒精100份。

6. 甘油蛋白贴片剂

蛋清50ml，甘油50ml，水杨酸钠（防腐剂）1g。

配制时将鸡蛋一个打破入碗或杯中，去蛋黄留下蛋清，用玻棒调打成雪花状泡沫，然后用粗纸或双层纱布过滤到量筒中，经数小时或一夜，即可滤出透明蛋白液。此时在其中再加等量的甘油，稍稍振摇使两者混合。最后加入防腐剂（水杨酸钠）作防腐用，可保存几个月。

7. 1mol/L HCl

取比重1.18的浓HCl 82.5ml，加水至100ml。

8. 过碘酸酒精溶液配法

过碘酸（$HIO_4 \cdot 2H_2O$）	0.4g
95%酒精	35ml
醋酸钠（27.2g溶于1000ml蒸馏水）	5ml
蒸馏水	5ml

以上溶液配好后保存在0℃～4℃的冰箱内，外包黑纸，此液如显黄色即失效。

9. Schiff 试剂

先将200ml蒸馏水煮沸，由火上取下，加入碱性品红1g，充分搅拌，有助于溶解。待溶液冷却到50℃时，过滤到磨口棕色试剂瓶中。加入1mol/L HCl20ml，冷却到25℃时加入1g偏亚硫酸钾（KS_2O_5），或偏亚硫酸钠（NaS_2O_5）充分振荡后盖紧瓶塞，在室温暗处至少放置24h以上，使其颜色退至淡黄色，塞紧瓶塞，外包黑布或黑纸，贮存在冰箱或低温处。

10. Schiff 氏酒精溶液配法（配后如略带红色仍可使用）

Schiff 原液	11.5ml
1M 盐酸	0.5ml
纯酒精	23ml

11. 亚硫酸水（漂白液）

10%偏重亚流酸钠水溶液5ml，蒸馏水100ml，1mol/L HCl5ml，摇匀，塞紧瓶塞。此溶液在使用前配制，否则会因SO_2的逸出而失效。

三、材　料

蟾蜍消化道、鼠肝、洋葱根尖、蚕豆根尖。

【方法与步骤】

一、取　材

取材就是根据我们需要观察和研究的内容采集标本。为了更好地保存组织和细胞中的各种微细结构，取材应注意下列几点：

（1）研究正常结构时，应选择健全而有代表性的部位；取材病理材料时，除取其病变的部位外，还应从病变的中央部分向四周，连同正常组织一起采取，以利观察分析。

（2）采取标本前，要根据制片的要求，选择并配制固定液。取材后应立即投入固定液，以防组织自溶和腐败。

（3）切取材料时，刀须锐利，动作要快但要仔细。切割时切勿拉锯式的来回切取，镊取时须轻夹轻放。总之，应尽量不损伤材料。

（4）材料尽可能新鲜，并切成所需的大小。尽可能切小切薄些，这样有利于固定液的快速渗透进入。

（5）取材时要做好详细记录，如日期，采集地点、标本名称、年龄，性别，取材部位、断面和固定液等。

二、固　定

切取组织块后，应立即进行固定。固定是制片极为关键的一个步骤，制片质量的优劣，除与材料的新鲜程度有关外，还取决于最初的固定是否适当和完全。

1. 固定的意义

新鲜的组织被切取后，由于细胞内酶的作用和细菌的繁殖，可引起组织的自溶和腐败。为了将组织尽可能保持原有的形态结构，并有利于保存和适于制片的操作，必须固定（Fixation）。

固定有物理方法和化学方法两种。物理方法固定有干燥、高热和低温骤冷等。例如，血液涂片就是干燥固定；细菌涂片可用加热法固定；许多组织化学反应的制片是以低温骤冷固定作冰冻切片的。化学方法固定就是用化学试剂配制成固定液使之固定。

2. 固定液的选择

要获得优质的固定，首先要对各种固定液的性质和作用有深入的了解，这样才能得到良好的效果。固定液的种类繁多。各种固定液的选择是随标本种类、目的和方法的不同而不同。但不论使用哪一种固定液，都要达到固定目的和作用。因此，选择固定液时，必须符合下列条件：

（1）能迅速杀死细胞，使细胞内的成分凝固或沉淀，从而使细胞的形态、结构和成分不发生变化。

（2）必须具有相当的渗透速度，能透入组织或细胞的任何部分，且对各部分的穿透速度相等，使组织内外完全固定。

（3）对组织细胞尽可能不发生收缩或膨胀现象，以及不产生人为的产物。

（4）能增加细胞内部结构的折光率，易于鉴别。有助染色作用和增加染色能力。

（5）能使组织变硬，适于切片，但又不致使材料变得太硬而松脆。

（6）必须又是良好的保存剂，便于材料的保存。

3. 固定的注意事项

固定时，必须注意下列各点：

（1）固定的材料越新鲜越好。因此，采集或切取后须立即投入预先准备好的固定液中进行固定，切勿耽误。

（2）材料大小以直径不超过5mm为宜，材料与固定液的比例以1∶20为准。

（3）根据材料的性质和制片的目的选择固定液。固定液一般是以临用前配制的为好，配好后应放在阴凉处，切勿置于日光下。有的固定液由甲，乙两液混合配成，这种混合固定液须在使用前混合，混合早了会失去固定作用。

（4）所固定的植物材料，若表面有毛茸或其它不易穿透的物质，则需用含有酒精的固定液固定，如Carnoy液。

（5）含有气泡的材料投入固定液后。材料不会下沉，故须将气泡抽出，使材料下沉。最简易的抽气方法是将材料和固定液一并倒入10ml封口的注射器中，抽动几次，气泡抽出，材料即可下沉。也可用抽气装置进行抽气。肺组织虽可缚以重物，使其下沉于固定液中，但在脱水透明时仍须进行抽气。

（6）固定时，要防止材料发生变形，如神经、肠系膜等应先平铺硬纸上，再投入固定液中。

（7）外面包有坚实被膜，而内部结构又极易松散的器官，如睾丸，固定时，应先将整个睾丸投入固定液，固定2～3h后，再将其修成小块材料继续固定。大型动物标本最好用灌注固定法，即将固定液注入血管内，固定效果更好。

（8）含有粘液、污物或血液的材料（如消化管、气管），需用生理盐水洗净后，再行固定。

（9）材料投入固定液后，需时常摇晃瓶子，以防止材料粘贴在瓶底上产生固定不均匀现象。

（10）容器外需贴上标签，用黑色铅笔或绘图黑墨水笔写明材料、名称、固定液和日期等。

固定的时间，视材料的性质、大小、固定液的种类以及温度等而定。小的材料仅需几十分钟，有的1～2h到十几小时，也有的长至几天。固定后材料的浸洗，随不同的固定液采用不同的浸洗方法。

三、冲　洗（洗涤）

固定后的组织材料需除去留在组织内的固定液及其结晶沉淀，否则会影响以后的染色效果。多数用流水冲洗；使用含有苦味酸的固定液固定的则需用酒精多次浸洗；如果组织经酒精或酒精混合液固定，则不必洗涤，可直接进行脱水。

四、脱　水

固定后或洗涤后的组织内充满水分，如不除去水分就无法进行以后的透明、浸蜡与包埋，因为透明剂多数是苯类，苯类和石蜡均不能与水相融合，水分不脱尽，苯类不能浸入。酒精为常用脱水剂，它既能与水相混合，又能与透明剂相混，为了减少组织材料的急剧收缩，应使用从低浓度到高浓度递增的顺序进行，通常从30%或50%酒精开始，经70%、85%、95%直至纯酒精（无水乙醇），每次时间为1至数小时，如不能及时进行各级脱水，材料可以放在70%酒精中保存，因高浓度酒精易使组织收缩硬化，不宜处理过久。正丁醇、叔丁醇、丙酮及二氧陆环等也可做脱水剂。脱水应彻底，否则材料不能透明，影响石蜡的浸入，致使难以切片。

五、透　明

纯酒精不能与石蜡相溶，还需用能与酒精和石蜡相溶的媒浸液，替换出组织内的酒精。材料块在这类媒浸液中浸渍，出现透明状态，此液即称透明剂，透明剂浸渍过程称透明。常用的透明剂有二甲苯、苯、氯仿、正丁醇等，各种透明剂均是石蜡的溶剂。通常组织先经纯酒精和透明剂各半的混合液浸渍1～2h，再转入纯透明剂中浸渍。透明剂的浸渍时间则要根据组织材料块大小及属于囊腔抑或实质器官而定。如果透明时间过短，则透明不彻底，石蜡难于浸入组织；透明时间过长，则组织硬化变脆，就不易切出完整切片，最长为数小时。

六、浸　蜡

将已透明的材料移入熔化的石蜡内浸渍即为浸蜡。其目的是去除组织中的透明剂，而使石蜡渗入整个组织，获得一定的硬度和韧度，以便切成薄的切片。

通常先把组织材料块放在熔化的石蜡和二甲苯的等量混合液浸渍1～2h，再先后移入2个熔化的石蜡液中浸渍3h左右，浸蜡应在高于石蜡熔点3℃左右的温箱中进行，切勿太高或太低，以利石蜡浸入组织内。

七、包　埋

将浸蜡后的材料包埋于石蜡中，并使它凝固成蜡块，这一过程称为包埋。包埋常用铜制包埋框，将已熔化的石蜡倒入，随即将已浸蜡的材料放入其中，应注意切面朝下，位置放正。待石蜡全部凝固后，或待蜡液表层凝固即迅速放入冷水中冷却，即做成含有组织块的蜡块。也可用纸质蜡槽。如果包埋的组织块数量多，应进行编号，以免差错。石蜡熔化后应在蜡箱内过滤后使用，以免因含杂质而影响切片质量，且可能损伤切片刀。通常石蜡采用熔点为 56℃ ~58℃或 60℃ ~62℃两种，可根据季节及操作环境温度来选用。

八、切　片

包埋好的蜡块用刀片修成规整的方形或长方形，以少许热蜡液将其底部迅速贴附于小木块上，夹在轮转式切片机的蜡块钳内，使蜡块切面与切片刀刃平行，旋紧。切片刀的锐利与否、蜡块硬度适当都直接影响切片质量，可用热水或冷水等方法适当改变蜡块硬度。通常切片厚度为 4 ~7μm，切出一片接一片的蜡带，用毛笔轻托轻放在纸上。

九、贴片与烤片

用粘附剂将展平的蜡片牢附于载玻片上，以免在以后的脱蜡、水化及染色等步骤中二者滑脱开。粘附剂是蛋白甘油。首先在洁净的载玻片上涂抹薄层蛋白甘油，再将一定长度蜡带（连续切片）或用刀片断开成单个蜡片于温水(45℃左右）中展平后，捞至玻片上铺正，或直接滴两滴蒸馏水于载玻片上，再把蜡片放于水滴上，略加温使蜡片铺展，最后用滤纸吸除多余水分，将载玻片放入 45℃温箱中干燥，也可在 37℃温箱中干燥，但需适当延长时间。

十、脱蜡及复水

干燥后的切片需脱蜡及水化才能在水溶性染液中进行染色。用二甲苯脱蜡，再逐级经纯酒精及梯度酒精直至蒸馏水。如果染料配制于酒精中，则将切片移至与酒精近似浓度时，即可染色。

十一、染　色

染色的目的是使细胞组织内的不同结构呈现不同的颜色以便于观察。未经染色的细胞组织折光率相似，不易辨认。经染色可显示细胞内不同的细胞器及内含物以及不同类型的细胞组织。染色剂种类繁多，应根据观察要求及研究内容采用不同的染色剂及染色方法，还要注意选用适宜的固定剂才能取得满意的结果。利用强氧化剂使多糖产生游离的醛基，醛基和 Schiff 试剂结合，形成紫红色的化合物。因此在有多糖的部位，就会呈现除紫红色阳性反应。而经典的苏木精（Hematoxylin）和伊红（曙红，Eosin）染色法是组织学标本的常规染色，简称 HE 染色。经 HE 染色后，细胞核被苏木精染成紫蓝色，多数细胞质及非细胞成分被伊红染成粉红色。由于苏木精是带阳离子的染料，染液呈碱性，核内染色质及胞质内核糖体等物质对这种染料有亲和性，称嗜碱性；而带阴离子的染料伊红配制的染液呈酸性，对这种染料的亲和性，称嗜酸性。有时不同的组织结构还需要用特殊的染料及染色方法加以显示，称特殊染色。

十二、脱水、透明和封片

为了长久保存，染色后的切片尚不能在显微镜下观察，需经梯度酒精脱水，在95%及纯酒精中的时间可适当加长以保证脱水彻底；如染液为酒精配制，则应缩短在酒精中的时间，以免脱色。

透明的目的是除去切片中的酒精，因为组织中的酒精不与树胶相溶，所以必须用透明剂二甲苯除去酒精后才能封藏。二甲苯透明后，迅速擦去材料周围多余液体，滴加适量（1~2滴）中性树胶，再将洁净盖玻片倾斜放下，以免出现气泡，封片后即制成永久性玻片标本，在光镜下可长期反复观察。

十三、操作步骤

（1）颈椎脱臼处死实验小鼠。

（2）解剖取出小鼠肝脏，快速用Hanks液冲洗血污，分割125mm^{3}大小组织块，立即投入盛有固定液（1∶20）的标本瓶中，贴上标签，注明固定日期、固定液名称和姓名。固定24h以上。

（3）去除固定液，清水冲洗3遍。

（4）依次投入梯度酒精中脱水：酒精50% 60min、酒精70% 30min、酒精80% 30min、酒精90% 30min、酒精95% 30min、酒精100% 40min、酒精100% 30min。

（5）投入二甲苯中透明：酒精100%和二甲苯1∶130min二甲苯30min。

（6）在恒温箱中透蜡（60℃以下）：二甲苯和石蜡1∶160min。

脱水和透明时的注意点：

第一，在80%酒精内组织可保留较久，如果当天来不及做完，可暂保存一晚，第二日再做。

第二，每更换一次酒精要用吸水纸把组织块吸干，免得把低浓度酒精和水分带到高浓度酒精中去，这样脱水更彻底。

第三，组织放入二甲苯后，待组织块透明后，即可透蜡。若组织内有空隙，可用真空抽气。真空抽气是为了加速组织透明，在真空情况下，二甲苯容易透入组织。如不抽气，组织在二甲苯中停留时间须在半小时以上。

（7）折纸盒。按组织大小折成纸盒，盒上注明材料名称，切片方向和姓名等。

（8）包埋。准备好包埋用的吸管，小镊子，放入熔蜡箱内，使之温热。用温热吸管吸热石蜡注入纸盒内，用温镊子夹取组织块放入盒的中央位置。将纸盒一半浸入冷水中，待表面石蜡凝成一层膜后，将纸盒迅速全部浸入冷水中，待石蜡全部凝结变硬即可取出。

（9）修切蜡块。把包埋好的蜡块用刀片修切成正方形或长方形，注意修块方向，并勿太靠近组织，让组织四周留有少许石蜡。蜡块两边必须切成平行的直线，以免切下的蜡条弯曲。

（10）固定蜡块。取小木块，用蜡铲加上热石蜡，再熔化蜡块底面，粘于小木块上，冷却后装在切片机上。

（11）切片。在开始切片前，先熟悉切片机的构造和用法，装上切片刀，注意刀的倾角不宜过大，亦不宜过小，大致以20～30度为宜。如倾角过大，则切片上卷，过小，则切片皱起。蜡片厚度选择6～8μm/片。切出的蜡带用毛笔轻轻挑起暂时放于纸上。

（12）贴片、展片、烤片。准备好展片台，使温度保持在比包埋石蜡的熔点低5℃～6℃，如包埋石蜡的熔点为53℃，则水温宜在48℃左右。如果温度过低，则展片费时过长；反之温度过高，石蜡会熔化。

取干净的载玻片涂以甘油蛋白：以玻棒尖端稍稍蘸取甘油蛋白一滴，轻轻滴于载玻片中央，然后以洗净的手指加以涂布，涂布的面以蜡片所贴附的地方为度。甘油蛋白不能涂布过多，否则，会形成白膜，妨碍观察。

用刀片将蜡带切成适当长度的片段，以毛笔取蜡带，轻轻地放于涂有甘油蛋白的载玻片上，此时，一定要注意先不能动蜡带位置，在蜡带上滴两滴蒸馏水、使蜡带浮在载玻片的水上时，才可稍稍摆正位置（一般稍偏于玻片的一端，留下地方可以粘贴标签）。然后把载玻片放在展片台上，蜡带受热即自动展开，也可用解剖针轻轻拉开。待蜡片完全展平后，用吸水纸吸去多余水分。注意切片和载玻片之间不能有气泡，否则在展片时气泡会扩大，影响以后镜检。

蜡片在载玻片上展开后，即取下放在切片木框上，让其自然干燥1周，或置入37℃温箱内干燥。

（13）切片投入二甲苯中脱蜡。

（14）依次投入梯度酒精中复水。

（15）PAS反应：蒸馏水1min；1%过碘酸水溶液浸泡5min；蒸馏水冲洗5min；Schiff试剂浸泡15min；

亚硫酸盐溶液，浸泡3min；亚硫酸盐溶液，浸泡3min；蒸馏水浸泡5min；苏木精复染细胞核15min；自来水流水冲洗碱化2min；蒸馏水稍洗；再脱水：依次经酒精50% 2min、酒精70% 2min、酒精80% 2min、酒精90% 2min、酒精95% 1min。

（16）二甲苯透明：酒精100%和二甲苯1∶1 2min、二甲苯5min、二甲苯5min。

（17）封片：擦去切片周围多余二甲苯，切勿干涸，迅速滴加中性树脂，盖上盖玻片进行封片。

（18）观察：肝组织中细胞内的糖元分布于核周围，糖元颗粒显紫红色，细胞核显蓝色。

【实验报告】

(1) 交 PAS 反应制片 1 张。

(2) 简图表示 PAS 反应的染色结果。

【实验简易流程】

一、脱水与透明

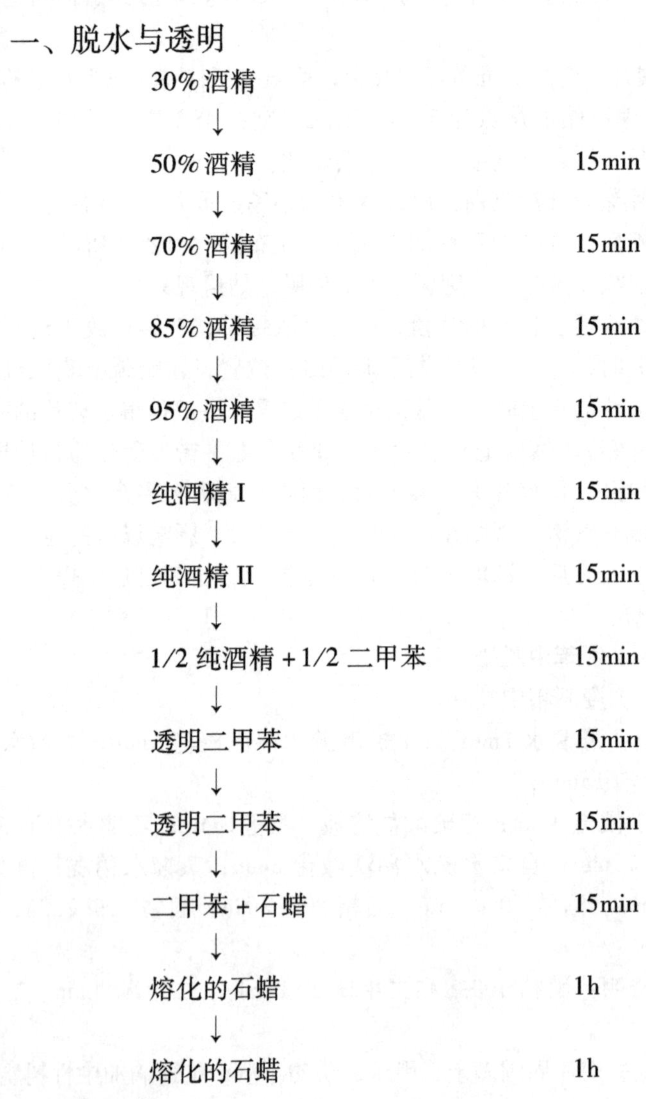

二、包　埋

为了使组织能切成薄片，将溶化的石蜡倒入用金属或硬纸制成的包埋框中，再将浸蜡后的组织块放入包埋框内，待石蜡凝固，此即石蜡包埋法。

三、切片、铺片与粘片

（1）蜡块经过一定的修理，安装在切片机上切片，切片厚度约为 5 ~ 10μm。

（2）在 40℃左右的水浴中进行展片、铺片。

（3）将石蜡切片铺展在涂有蛋白甘油的载玻片上。

四、染色与制永久装片

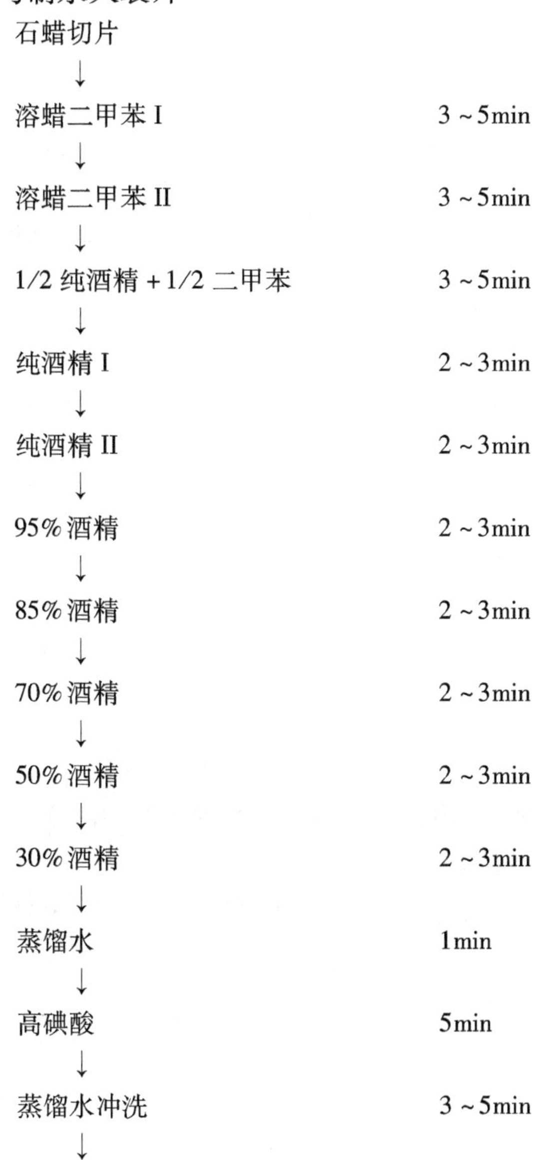

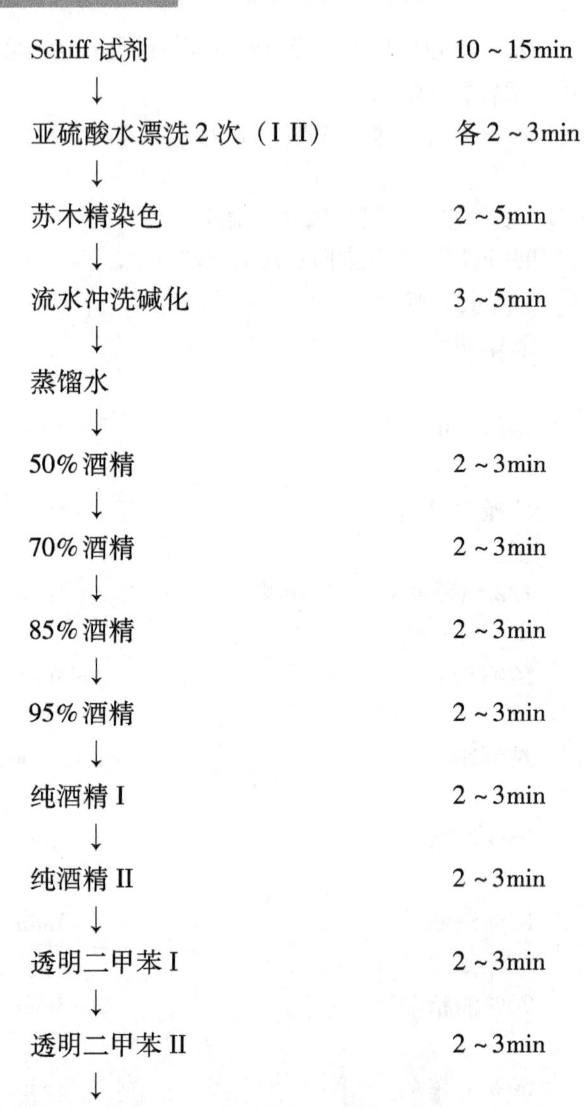

Schiff 试剂	10～15min
↓	
亚硫酸水漂洗 2 次（I II）	各 2～3min
↓	
苏木精染色	2～5min
↓	
流水冲洗碱化	3～5min
↓	
蒸馏水	
↓	
50% 酒精	2～3min
↓	
70% 酒精	2～3min
↓	
85% 酒精	2～3min
↓	
95% 酒精	2～3min
↓	
纯酒精 I	2～3min
↓	
纯酒精 II	2～3min
↓	
透明二甲苯 I	2～3min
↓	
透明二甲苯 II	2～3min
↓	

封片（贴上标签，注明材料、名称、作者姓名及日期）。

四、显微镜观察

显微镜下检查：肝组织中细胞内的糖原分布于核周围，糖原颗粒呈紫红色，细胞核呈蓝色。

实验 20　动植物染色体标本的制作与观察

Ⅰ. 动物染色体标本的制作与观察

【实验目的】

通过这一实验，要求学生了解哺乳动物染色体标本的制作方法，并对动物染色体形态进行观察。提高学生的综合实验技能。

【实验原理】

小鼠肱骨和股骨中的骨髓细胞可生成各种血细胞的造血干细胞，具有高度的分裂能力，在秋水仙素等中期抑制剂的作用下可获得大量的中期染色体，再通过低渗，固定，滴片，染色等步骤即可制得处于分裂中期的染色体标本；经过拍照，可以进行染色体组型分析。

【实验用品】

一、器　械

手术刀、手术剪、吸水纸、烧杯、镊子、试管架、解剖盘、注射器、针头、吸管、离心管、离心机、玻片（冰片）、天平、试镜纸、水浴锅。

二、试　剂

0.01% 秋水仙素、0.075mol/l KCl、固定液（甲醇：冰醋酸 = 3∶1）、0.01M 磷酸缓冲液（PH6.8）、Giemsa 染液、0.85% 生理盐水、二甲苯、香柏油。

三、材　料

小白鼠。

【方法与步骤】

（1）称量小白鼠的体重，然后按 2～4μg/g 体重的剂量经腹腔注射秋水仙素，3～4h 后颈椎脱臼法处死。

（2）取出小鼠股骨和肱骨，剪去骨两端关节，并剔除附着的肌肉。

（3）直接用手术剪将所取骨骼剪碎于含有 10ml0.85% NaCl 的培养皿中，反复剪碎，以便于骨髓细胞析出。

（4）用吸管反复吸打细胞悬浮液，使细胞团块分散，转入 10ml 离心管中。注意骨骼碎片不要吸入离心管中。2000rpm 离心 5min，弃去上清。

（5）视离心管中沉淀量多寡加入 0.075mol/ l KCl 溶液 5～6ml，用胶头吸管轻微吸放，混匀沉淀细胞，然后将离心管在室温下低渗 30min。如室温过低也可在 37℃水浴中低渗 20min。

（6）低渗结束后在离心管中加入 0.5ml 新配制的固定液进行预固定，用吸管轻微混匀，可避免细胞结块，混匀后以 1000rpm 离心 10min。

（7）弃去上清液，沿离心管壁缓慢加入固定液 5ml，用滴管小心将细胞团块打散，继续固定 15min，然后 1000rpm 离心 10min。

（8）弃上清液，沿离心管壁缓慢加入固定液，用滴管小心将细胞团块打散后静置固定 15min。如此重复固定 1～2 次。

（9）离心后，视管底的细胞多寡加入少量固定液，轻缓打散细胞团块，制成均匀的细胞悬液。

（10）在冰冷的载玻片上滴 2～3 滴细胞悬液，晾干或在酒精灯上文火烘干。注意在滴片时要有一定的高度，一般 1～2 米，使细胞膜破裂后染色体易于散开，并尽量使滴片上的细胞分布均匀，不要重叠。

（11）将载玻片有细胞的一面朝下放于一块洁净的瓷板上，一端用牙签架空，用 Giemsa 染液以反扣染法进行染色。视室温而定，染色 15～20min。

（12）染色后，轻轻揭起载玻片，在自来水管下，倾斜载玻片让细水流冲洗数秒，去除附着的染液，晾干，显微镜下观察。

（13）选择染色较好、较分散、形态清晰的细胞分裂相，中性树胶封片，在油镜下进行显微照相，分析染色体核型。

【注意事项】

（1）低渗与离心等步骤的操作要轻。

（2）观察染色体的标准如下：

第一，细胞轮廓清晰，染色体分布在同一水平面上。

第二，染色体形态和分布良好。

第三，染色体无重叠，即使有个别相连，也要能明确辩认。

第四，所观察的细胞处于同一有丝分裂阶段，即染色体螺旋化程度或染色体长短大致一样。

第五，在所观察的细胞周围，没有离散的单个或多个染色体存在，以免影响计数。

【实验报告】

选择染色体清晰，分散度好的中期分裂相，计数染色体，显微摄影，打印出照片。

Ⅱ. 植物染色体标本的制作与观察

【实验目的】

学习植物染色体标本的制备技术，了解 Feulgen 反应的基本原理，学习其操作方法和压片法，初步掌握细胞分裂各期的主要特点。

【实验原理】

Feulgen 反应的原理是根据 DNA 经盐酸（1mol/L）水解后，打开嘌呤和脱氧核糖连接的键，在脱氧核糖的一端形成游离的醛基。这些醛基就在原位与 Schiff 试剂结合，形成含醌基的化合物，醛基是一个发色团所以具有颜色，因此凡有 DNA 的部位，就呈现紫红色。

【实验用品】

一、器　材

玻璃棒，显微镜，恒温水浴锅，温度计，烧杯，棕色瓶。

二、试　剂

浓盐酸（36～38%），碱性品红，偏重亚硫酸钠（$Na_2S_2O_5$），亚硫酸钠（Na_2SO_3），中性树胶，乙醇（30～100%），二甲苯。

药品配制：

1. 1M HCI 配制

取浓 HCl 82.5ml 加蒸馏水至 1000ml，摇匀。

2. Schiff 试剂的配制

0.5 克碱性品红，加到已经煮沸的 100ml 蒸馏水中，再煮沸 3～4 分钟，待溶液冷却到 50℃时过滤，再等溶液冷到 25℃以下时，加入 10ml 的 1M HCl 和 1.5g 偏重亚硫酸钠，装在棕色瓶中，塞紧瓶子，用黑纸包好，放在暗处，第二天观察，溶液还是淡红色就不能用，只得重配。

偏重亚硫酸钠与 1M HCl 反应，放出 SO_2，SO_2 与碱性品红反应，生成碱性品红－亚硫酸溶液，呈无色。

3. 漂洗液的配制

先配 10% 的亚硫酸钠溶液。把 10% 亚硫酸钠溶液 10ml 加 200ml 蒸馏水，再加 10ml 1M HCl，即成漂洗液。

三、材 料

蚕豆（或洋葱）根尖。

【方法与步骤】

一、植物染色体标本的制备

（1）将植物种子放在潮湿的滤纸上，20℃发芽，待胚根长至 1～2cm 时，切取 0.5cm 长的根尖部分。

（2）预处理：将切下的根尖浸入 0.1% 秋水仙素液中，室温下处理 3～4h。

（3）冲洗根尖，然后放入 Carnoy 固定液固定 20～30min；再在 1mol/L HCl60℃下解离 10min。

（4）冲洗根尖，然后放入 Schiff 试剂染色 30～45min。

（5）依次用亚硫酸钠溶液（Ⅰ，Ⅱ，Ⅲ）漂洗 3 次，每次 5min，再用自来水将漂洗后的根尖冲洗干净，选择染色效果好的材料压片镜检。

二、压片法

压片的操作步骤如下：将根尖放在载片上，用刀片切取根尖（0.3cm），纵切根尖，加一滴水，用解剖针将根尖纵向分成若干小条，保留 1～2 小条，加盖玻片，用铅笔一端轻轻敲击盖玻片，使细胞分离，呈云雾状。

【注意事项】

（1）固定剂的选择：一般常选用 Carnoy 固定液，其它的固定剂如 Flemming 固定剂等均可用，但不能使用 Bouin 固定剂，它主要用于动物组织固定。

（2）水解时间：水解时间一定要合适，否则会影响实验结果。水解时间的长短要随材料、温度、固定剂等条件而定。

（3）Schiff 试剂的质量：不易放置时间太久，实验时，要注意试剂颜色是否正常，有无 SO_2 的气味。

（4）洗涤剂的重要性：漂洗时，所用的亚硫酸水，最好在每次实验前临时配制，以便保持较浓的 SO_2。

（5）实验对照组：一定要做对照组，以便说明实验结果的真实性。

（6）操作过程中，用镊子镊取根尖的生长区部位，切勿夹取根冠部位。

（7）压片过程中尽量使根尖分生组织细胞保持原来的分布状态。

（8）玻璃器皿的清洗：主要是染色缸的清洗，一般用肥皂粉洗，用水冲净即可，如不能洗净时，要用洗液浸泡后，再冲洗，自来水洗后，再用少量蒸馏水洗一次。盛放 100% 酒精、二甲苯的染色缸必须干燥，缸盖内缘必须涂以凡士林，以防止蒸发和吸收水分，影响浓度。染色缸上要贴上标签。

【实验报告】

（1）简述 Feulgen 反应的原理。

（2）欲得到一张好的 Feulgen 反应制片，制片过程中应注意些什么？

（3）绘制细胞分裂图。

实验21 免疫细胞化学技术显示细胞骨架微管结构

【目的要求】

掌握免疫细胞化学技术的原理与方法，观察动物细胞微管的形态与分布。

【实验原理】

20世纪70年代以来，免疫学的迅速发展为细胞生物学的研究提供了强有力的手段，特别是在细胞内特异蛋白的定位与定性方面，单克隆抗体与其他一些检测手段相结合发挥了重要作用。免疫荧光与免疫酶细胞化学是免疫细胞化学（Immunocytochemistry，ICC）中最常用的研究细胞内蛋白质分子定位的重要技术。

免疫荧光细胞化学是根据抗原抗体反应的原理，先将已知的抗原或抗体标记上荧光素制成荧光标记物，再用这种荧光抗体（或抗原）作为分子探针检查细胞或组织内的相应抗原（或抗体）。在细胞或组织中形成的抗原抗体复合物上含有荧光素，利用荧光显微镜观察标本，荧光素受激发光的照射而发出明亮的荧光（黄绿色或桔红色），可以看见荧光所在的细胞或组织，从而确定抗原或抗体的性质、位置，以及利用定量技术测定含量。免疫酶细胞化学是借助于酶细胞化学的手段，检测某种物质（抗原/抗体）在组织细胞内存在部位的一门新技术：即预先将抗体与酶连结，再使其与组织内特异抗原反应，经细胞化学染色后，于光镜或电子显微镜下观察分析的形态学研究方法。ABC法（卵白素－生物素－过氧化物酶复合物技术 Avidin Biotin – Peroxidase Complex Technique）是广泛应用的一种免疫酶细胞化学方法，具有特异性很高，灵敏度高，稳定性好以及反应时间短等优点。ABC即卵蛋白素（抗生物素蛋白）、生物素、过氧化物酶的复合物（Avidin-Biotin-Peroxidase）。卵白素是一种分子量为6800的糖蛋白；生物素又称为维生素H，是一种小分子物质。两者之间的亲合力比抗体对抗原要高出一百万倍以上，同时一个卵白素有四个活性结合部分，可结合生物素，一部分结合部位与生物素化凝集素结合，另一部分可与生物素标记的过氧化物酶结合。这种过氧化物酶复合体，可通过DAB的成色反应来显示凝集素与糖蛋白结合的部位。

微管（Microtubule）是真核细胞所特有且普遍存在的结构，由微管蛋白（α

和β微管蛋白二聚体）和少量微管结合蛋白（MAPs）聚合而成的管状纤维，在不同类型的细胞中微管具有相同的基本形态，微管蛋白二聚体（Dimer）螺旋盘绕装配成微管的壁，13个二聚体绕一周，这是单管。它们又可以进一步组装成二联管（在纤毛和鞭毛）或三联管（在基体和中心粒）。观察微管可用电镜和免疫组织化学方法，其中较常用的有间接免疫荧光技术和免疫酶细胞化学技术。用抗微管蛋白的免疫血清（一级抗体，例如兔抗微管蛋白抗体）与细胞一起温育，该抗体将与胞质中的微管（抗原）特异结合，然后再加荧光素标记的抗球蛋白抗体（二级抗体，例如异硫氰酸荧光素（FITC）标记的羊抗兔抗体），或酶标抗体共同温育，该二级抗体与一级抗体结合，从而使微管间接地标上荧光素或酶。置荧光显微镜下用一定波长激发光照射，即由荧光显示出微管的形态和分布。或经细胞化学反应显色后在普通光学显微镜下观察。间接免疫荧光法和ABC免疫酶细胞化学方法特异性和灵敏度均较高，广泛用于生物大分子或结构的定位和形态显示。

【实验用品】

一、仪器与器具

荧光显微镜、冰箱、毛细吸管、放有湿纱布的铝盒、载玻片、35mm小染色缸、振荡器、指甲油。

二、试 剂

（1）0.01mol/L磷酸盐缓冲生理盐水（PBS，pH7.3）：

0.2mol/LNa_2HPO_4	77ml
0.2mol/LNaH_2PO_4	23ml
NaCl	0.15mol/L
重蒸馏水	至1000ml

（2）PEM缓冲液：

Pipes	80mmol/L
EGTA	1mmol/L
$MgCl_2$	0.5mmol/L

用NaOH调pH至6.9~7.0，注意先用8mol/L的浓NaOH调，然后用较稀的NaOH溶液小心调制。

（3）PEMD缓冲液：含1%二甲基亚砜（DMSO）的PEM溶液。

（4）PEMP4缓冲液：含4%聚乙二醇（PEG，MW=6000）的PEM溶液。

（5）固定液：3.7%甲醛-PEMD溶液。

（6）0.5% Triton X-100/PEMP溶液。

（7）1%和0.3%的Triton X-100/PBS溶液。

(80兔抗微管蛋白抗体（一抗）和FITC－羊抗兔抗体（二抗）。使用前用0.3% Triton X－100/PBS或直接用PBS稀释20倍以上，一般第一抗体应稀释度更高，最好在使用前试验最佳工作液稀释度，以特异性染色反应荧光最强而非特异性染色最弱为"最佳"。SABC检测试剂盒。

9. 甘油－PBS（9∶1），pH8.5～9.0。

三、材 料

培养在盖玻片上的动物细胞、细胞涂片、铺片（小血管、胃肠道、胆管、心脏等可分层剥离铺片），用甲醛－明胶液粘片在载玻片上。

【方法与步骤】

一．间接免疫荧光法

（1）细胞培养在盖玻片上，长到70%～80%的汇合度时取出，用PEMP缓冲液轻轻漂洗细胞。

（2）0.5% Triton X－100/PEMP溶液预温到37℃，处理细胞3～5min。Triton X－100是非离子型去污剂，可适当增加细胞膜的通透性，使抗体容易进入细胞，同时Triton X－100抽提掉若干杂蛋白使胞质背景清晰。

（3）PEMP洗细胞二次。

（4）用3.7%甲醛－PEMD溶液在室温下固定样品30min。

（5）PBS洗二次，用滤纸吸干多余的液体。

（6）结合一抗。用毛细吸管滴约20μl已经稀释的兔抗微管蛋白抗体于载玻片中央，将盖片的细胞面覆于其上，在37℃湿盒内温育45min。

（7）取出细胞样品，放35mm小染色缸内，按PBS→1% Triton X－100/PBS→PBS顺序漂洗细胞，每次3～5min，可以放在振荡器上振荡漂洗。取出盖玻片，用滤纸吸干液体。

（8）结合二抗。用已经稀释的FITC－羊抗兔抗体与细胞温育45～60min。操作步骤同6，洗涤步骤同7。

（9）无离子水洗样品二次，稍干，滴加甘油－PBS封片，四周涂指甲油封固。样品在4℃置暗处可保存数天。

（10）实验结果。样品置荧光显微镜下观察，滴加无荧光油，蓝光激发，微管呈现黄绿色荧光。细胞核周围的荧光特别明亮，是微管组织中心（MTOC）所在，由核周发出的微管纤维布满胞质，呈网状。

二．ABC免疫酶细胞化学方法

（1）按间接免疫荧光法处理样品至第4步。

（2）0.3% H_2O_2 甲醇液处理切片15min，室温，清除内源性过氧化物酶。

（3）PBS冲洗3次×5min。

（4）用 5 ~ 10% 的正常羊血清处理切片 15min，室温，封闭游离醛基。
（5）吸去羊血清。
（6）加第一抗体（兔产生的），在 4℃过夜。
（7）PBS 洗涤 3 次 ×5min。
（8）加生物素标记第二抗体（羊抗兔），室温下 45min。
（9）PBS 洗涤 3 次 ×5min。
（10）加 ABC 复合物，室温 45min。
（11）PBS 洗涤 3 次 ×5min。
（12）用 DAB - H_2O_2 底物显色 5 ~ 10min。
（13）自来水充分洗涤。
（14）苏木精复染。
（15）封片，观察。

【实验报告】

（1）描绘你观察到的微管图像。
（2）说明间接免疫荧光和 ABC 免疫酶细胞化学染色的原理。

实验 22　染色体的荧光原位杂交实验

【目的要求】

（1）了解荧光原位杂交技术的基本原理和在生物学、医学领域的应用。

（2）掌握原位杂交技术的操作方法，熟练掌握荧光显微镜的使用方法。

【实验原理】

荧光原位杂交（Fluorescence In Situ Hybridization，FISH）是一门新兴的分子细胞遗传学技术，是 20 世纪 80 年代末期在原有放射性原位杂交技术的基础上发展起来的一种非放射性原位杂交技术。目前这项技术已经广泛应用于动植物基因组结构研究、染色体精细结构变异分析、病毒感染分析、人类产前诊断、肿瘤遗传学和基因组进化研究等许多领域。FISH 的基本原理是用已知的标记单链核酸为探针，按照碱基互补的原则，与待检材料中未知的单链核酸进行特异性结合，形成可被检测的杂交双链核酸。由于 DNA 分子在染色体上是沿着染色体纵轴呈线性排列，因而可以将探针直接与染色体进行杂交，从而将特定的基因在染色体上定位。与传统的放射性标记原位杂交相比，荧光原位杂交具有快速、检测信号强、杂交特异性高和可以多重染色等特点，因此在分子细胞遗传学领域受到普遍关注。

杂交所用的探针大致可以分为三类：染色体特异性重复序列探针，例如 α 卫星、卫星 III 类的探针，其杂交靶位常大于 1Mb，不含散在重复序列，与靶位结合紧密，杂交信号强，易于检测；全染色体或染色体区域特异性探针，其由一条染色体或染色体上某一区段上极端不同的核苷酸片段所组成，可由克隆从噬菌体和质粒中的染色体特异性大片段获得；特异性位置探针，由一个或几个克隆序列组成。探针的荧光素标记可以采用直接和间接标记的方法。间接标记是采用生物素标记的 dUTP（Biotin－dUTP）经过缺口平移法进行标记，杂交之后用藕联荧光素的抗生物素的抗体进行检测，同时还可以利用几轮抗生物素蛋白—荧光素、生物素化的抗生物素蛋白、抗生物素蛋白—荧光素的处理，将荧光信号进行放大，从而可以检测 500bp 的片段。而直接标记法是将荧光素直接与探针核苷酸磷酸戊糖骨架共价结合，或在缺口平移法标记探针时将荧光素核苷三磷酸掺入。直接标记法在检测时步骤简单，但由于不能进行信号放大，因此灵敏度不如间接标记的方法。

【实验用品】

一、仪器与器具

恒温水浴锅、培养箱、染色缸、载玻片、荧光显微镜、盖玻片、封口膜、200ml 移液器、10ml 移液器、暗盒。

二、试 剂

Y 染色体探针、指甲油、甲酰胺、氯化钠、柠檬酸钠、氢氧化钠、吐温 20。

三、材 料

人外周血细胞中期染色体标本。

【方法与步骤】

（一）探针及标本的变性

1. 探针变性

将探针在 75℃恒温水浴中温育 5min，立即置 0℃，10 ~ 15min，使双链 DNA 探针变性。

2. 标本变性

（2）将制备好的染色体玻片标本于 50℃培养箱中烤片 2 ~ 3h（经 Giemsa 染色的标本需预先在固定液中退色后再烤片）。

（2）取出玻片标本，将其浸在 70℃ ~ 75℃的体积分数 70% 甲酰胺/2 × SSC 的变性液中变性 3 ~ 5min。

（3）立即按顺序将标本经体积分数 70%、体积分数 90% 和体积分数 100% 冰乙醇系列脱水，每次 5min，然后空气干燥。

（二）杂 交

将已变性或预退火的 DNA 探针 10μl 滴于已变性并脱水的玻片标本上，盖上盖玻片，用石蜡封口膜封片，置于潮湿暗盒中 37℃过夜（约 15 ~ 17h）。由于杂交液较少，而且杂交温度较高，持续时间又长，因此为了保持标本的湿润状态，此过程在湿盒中进行。

（三）洗 脱

此步骤有助于除去非特异性结合的探针，从而降低本底。

（1）杂交次日，将标本从 37℃温箱中取出，用刀片轻轻将盖玻片揭掉。

（2）将已杂交的玻片标本放置于已预热 42℃ ~ 50℃的体积分数 50% 甲酰胺/2 × SSC 中洗涤 3 次，每次 5min。

（3）在已预热 42℃ ~ 50℃的 1 × SSC 中洗涤 3 次，每次 5min。

（4）在室温下，将玻片标本在 2 × SSC 中清洗一下。

（四）杂交信号的放大

（1）在玻片的杂交部位加 150μl 封闭液 I，用保鲜膜覆盖，37℃温育 30min。

（2）去掉保鲜膜，再加 150μl avidin - FITC 于标本上，用保鲜膜覆盖，37℃继续温育 45min。

（3）取出标本，将其放入已预热 42℃ ~ 50℃的洗脱液中洗涤 3 次，每次 5min。

（4）在玻片标本的杂交部位加 150μl 封闭液 II，覆盖保鲜膜，37℃温育 30min。

（5）去掉保鲜膜，加 150μl antiavidin 于标本上，覆盖新的保鲜膜，37℃温育 45min。

（6）取出标本，将其放入已预热 42℃ ~ 50℃的新洗脱液中，洗涤 3 次，每次 5min。

（7）重复步骤（1）、（2）、（3），再于 2 × SSC 中室温清洗一下。

（8）取出玻片，自然干燥。

（9）取 200μl PI/antifade 染液滴加在玻片标本上，盖上盖玻片。

（五）封　片

可采用不同类型的封片液。如果封片中不含有 Mowiol（可使封片液产生自封闭作用），为防止盖玻片与载玻片之间的溶液挥发，可使用指甲油将盖玻片周围封闭。封好的玻片标本可以在 - 20℃ ~ - 70℃的冰箱中的暗盒中保持数月之久。

（六）荧光显微镜观察 FISH 结果

先在可见光源下找到具有细胞分裂相的视野，然后打开荧光激发光源，FITC 的激发波长为 490nm。细胞被 PI 染成红色，而经 FITC 标记的探针所在位置发出绿色荧光。由于本实验使用的是 Y 染色体上的特异序列，因此在男性外周血染色体标本的杂交中呈阳性，即使在末分裂的细胞中，也可以观察到明显的杂交信号。照相记录实验结果。

【实验报告】

（1）通过实验总结荧光原位杂交实验的技术关键。

（2）实验中会不会出现假阳性，为什么？

附录 I　FISH 相关溶液的配制

（1）20 × SSC：175. 3g NaCl，882. 0g 柠檬酸钠，加水至 1000ml（用 10mol/L NaOH 调 pH 至 7. 0）。

（2）去离子甲酰胺（DF）：将10g混合床离子交换树脂加入100ml甲酰胺中。电磁搅拌30min，用Whatmanl号滤纸过滤。

（3）体积分数70%甲酰胺/2×SSC：35ml甲酰胺，5ml 20×SSC，10ml水。

（4）体积分数50%甲酰胺/2×SSC：100ml甲酰胺，20ml 20×SSC，80ml水。

（5）体积分数50%硫酸葡聚糖（DS）：65℃水浴中融化，4℃或-20℃保存。

（6）杂交液：8ml体积分数25%DS，2ml 20×SSC混合（或40ml体积分数50%DS，20ml 20×SSC，40ml ddH_2O混合）。取上述混合液50ml，与50mlDF混合即成。其终浓度为体积分数10%DS2×SSC，体积分数50%DF。

（7）PI/antifade溶液。

第一，PI原液：先以双蒸水配置溶液，浓度为100mg/ml，取出1ml，加39ml双蒸水，使终浓度为2.5mg/ml。

第二，Antifade原液：以PBS缓冲液配制该溶液，使其浓度为10mg/ml，用0.5mmol/L的$NaHCO_3$调pH值为8.0。取上述溶液1ml，加9ml甘油，混匀。

第三，PI/antifade溶液：PI与antifade原液按体积比1：9比例充分混匀，-20℃保存备用。

（8）DAPI/antifade溶液：用去离子水配制1mg/ml DAPI储存液，按体积比1:300，以antifade溶液稀释成工作液。

（9）封闭液I：体积分数5%BSA 3ml，20×SSC 1ml，ddH_2O 1ml，Tween20 5ml混合。

（10）封闭液II：体积分数5%BSA 3ml，20×SSC 1ml，羊血清250ml，ddH_2O 750ml，Tween20 5ml混合。

（11）荧光检测试剂稀释液：体积分数5%BSA 1ml，20×SSC 1ml，ddH_2O 3ml，Tween20 5ml混合。

（12）洗脱液：100ml 20×SSC，加水至500ml，加Tween20 500ml。

（13）TE缓冲液：pH8.0:10mmol/L Tris·HCl，1mmol/L EDTA；
pH7.6:10mmol/L Tris·HCl，1mmol/L EDTA；
pH7.4:10mmol/L Tris·HCl，1mmol/L EDTA。

（14）溶液I：25mmol/L Tris·HCl（pH7.4），10mmol/L EDTA。

（15）溶液II：10%SDS，0.2M NaOH。

（16）溶液III：KAC14.7g，HAc 5.8ml，加水至50ml。

（17）LB培养基：胰化蛋白胨10g，酵母提取物5g，NaCl 10g，加水至1000ml，用5mmol/L NaOH调pH值至7.0。

附录 II　DNA 探针的制备

质粒 DNA 克隆的提取、纯化和鉴定。

（1）用接种环挑取一小块 -70℃冻存的转化菌，接种于 5ml LB 培养基中，37℃剧烈震荡过夜。

（2）将收集到的菌液 3000r/min 离心 10min，弃掉上清液。

（3）向菌体沉淀中加入溶液 I 300ml，溶液 II 350ml，混匀后将其置于冰浴中片刻，再加溶液 III 350ml 混匀，加酚和氯仿混合液（体积比为 1∶1）500ml 后充分混匀。

（4）12000r/min 离心 10min。

（5）取上清液，向其加入 600ml 异丙醇，充分混匀后以 12000r/min 离心 15 ~30min，弃掉上清液。

（6）用 1500ml 体积分数 70% 乙醇洗涤沉淀 2 ~3 次，晾干。

（7）用 TE 缓冲液溶解 DNA 沉淀。

（8）加水至 200ml，以 Rnase A（终浓度 200mg/ml）在 50℃ 水浴中消化 30min。

（9）加入酚、氯仿和异丙醇（三者体积比 25∶24∶1）溶液 200ml 混匀，12000r/min 离心 2min。

（10）取上清液，再加入氯仿和异戊醇溶液（体积比为 24∶1）200ml 混匀，12000r/min 离心 2min。

（11）取上清液，以 20ml 3M NaAc 及 500ml 体积分数 100% 乙醇沉淀 DNA。

（12）可将上述溶液在 -70℃ 放置 30min 至 1h 以充分沉淀 DNA，然后用 12000r/min 离心 15min。

（13）将沉淀用 1.5ml 体积分数 70% 乙醇清洗，自然晾干。

（14）用 TE 缓冲液溶解 DNA。

（15）取 1 ~2ml 上述纯化的 DNA 溶液，于 8.0g/L 琼脂糖/TBE 缓冲液凝胶电泳鉴定 DNA 并检测浓度。

（16）取 1mgDNA，用相应限制性内切酶 4 ~5 单位，BSA100 ~200mg/ml，于 37℃ 水浴中酶解 2 ~4h。

（17）电泳观察，根据酶切片段数量及大小，估计 DNA 克隆插入片段大小。

附录 III　探针的生物素标记

探针的标记可采用 PCR 或缺口平移法来制备，但多数情况下采用缺口平移法来制备。该过程包括以 DNaseI 在 DNA 双链上作用产生缺口并以此作为第二反应步骤的作用底物，即大肠杆菌聚合酶 I 自缺口处进行修补合成。在修补合成互补链时将生物素标记的 dNTP 掺入，从而复制出带有生物素标记的探针。本实验采用缺口平移法，按 GIBCO 公司提供的方法以 biotin－14－dATP 标记探针。标记好的探针可以在－20℃下长期保存。

总反应体积 50ml，DNA 1mg，10×dNTP 5ml，10×EnzymeMix 5ml。其中 10×dNTP 为：

500mmol/L Tris·HCl（pH7.8）；

50mmol/L $MgCl_2$；

100mmol/L β－巯基乙醇；

100mg/ml 去除核酸酶的牛血清白蛋白；

0.2mmol/L dCTP，0.2mmol/L dGTP，0.2mmol/L dTTP；

0.1mmol/L dATP，0.1mmol/L biotin－14－dATP。

10×酶混合为：

0.5units/mlDNA 聚合酶 I；

0.075untis/mlDnase I；

50mmol/L Tris·HCl（pH7.5）；

5mmol/L 醋酸镁；

1mmol/L β－巯基乙醇；

0.1mmol/L 苯甲基磺酰氟；

体积分数 50% 甘油；

100mg/ml 牛血清白蛋白。

将上述混合液于 16℃作用 1h。用 8.0g/L 琼脂糖/TBE 缓冲液凝胶电泳检测标记产物。以 DNA 片段长约 300～500bp 为宜。如片段较大，则应加适量 Dnase I 继续酶切，直至 DNA 片段长度适中后，加 5ml 终止缓冲液（300mmol/L EDTA）终止反应。用乙醇沉淀的方法将探针与非掺入的核苷酸分开。

实验 23　细胞融合实验

【目的要求】

（1）了解细胞融合基本方法及其原理。

（2）掌握化学法诱导动物细胞融合的基本实验方法。

（3）学会植物原生质体制备方法，掌握诱导植物原生质体融合的实验技能。

【实验原理】

两个或两个以上的细胞合并成为一个双核或多核细胞的现象称为细胞融合，也称细胞杂交，在自然情况下的受精过程即属这种现象。早在 19 世纪就曾见到肿瘤中有多核细胞，20 世纪 50 年代开始了人工细胞融合的研究，1961 年日本科学家冈田（Okada）首次采用仙台病毒诱导细胞融合，并取得成功，开创了人工诱导细胞融合的新领域。70 年代后，逐渐采用了化学融合剂，如聚乙二醇（PEG）等，化学融合剂具有使用方便、活性稳定、容易制备和控制等优点，已成为人工诱导细胞融合的主要手段。80 年代初，出现了电融合技术，它具有可控、高效、无毒的优点，并逐渐应用于科学研究。目前人工诱导不仅可以在植物之间、动物与动物之间、微生物与微生物之间，甚至可以在动物与植物之间、动物与微生物之间进行细胞融合，形成一种新的杂交细胞，从而为培养新的生命类型奠定基础。

诱导细胞融合的主要方法有：病毒诱导融合、化学融合剂诱导融合和电融合。

1. 病毒诱导融合

有许多种类的病毒能介导细胞融合，如疱疹病毒、黏液病毒、新城鸡瘟病毒、仙台病毒等。其中最常用的是灭活的仙台病毒（HVJ），为 RNA 病毒。病毒诱导细胞融合的过程，首先是细胞表面吸附许多病毒粒子，接着细胞发生凝集，几分钟至几十分钟后，病毒粒子从细胞表面消失，而在这个部位邻接的细胞的细胞膜融合，胞浆相互交流，最后形成融合细胞。

2. 化学融合剂诱导融合

化学融合剂主要有高级脂肪酸（如甘油 - 醋酸酯、油酸、油胺等）、脂质体（如磷脂酰胆碱、磷脂酰丝氨酸等）、钙离子、水溶性高分子化合物（如聚乙二醇）、水溶性蛋白质和多肽（如牛血清蛋白、多聚 L - 赖氨酸等），其中最常用的是聚乙二醇（PEG）。

3. **电融合**

是指细胞在电场中极化成偶极子，并沿着电场线排列成串，然后用高强度、短时程的电脉冲击穿细胞膜而导致细胞融合。

细胞融合技术在基因定位、基因表达产物、肿瘤诊断和治疗、生物新品种培育及单克隆抗体技术等领域有着非常广泛的应用前景。单克隆抗体技术就是通过细胞融合技术发展起来的，在生命科学研究和应用方面产生了重大影响。

植物原生质体融合在理论和实践上都有很大的意义，在植物遗传工程和育种研究上具有广阔的应用前景。它是植物同源、异源多倍体获得的途径之一，它不仅能克服远源杂交有性不亲和障碍，也可克服传统的通过有性杂交诱导多倍体植株的困难，最终将野生种的远源基因导入栽培种中。原生质体融合技术可望成为作物改良的有力工具之一。

【实验用品】

一、器　材

离心机、刻度离心管、微量取样器、吸管、水浴锅、载玻片、盖玻片。

二、试　剂

Alsever 溶液、GKN 溶液、0.85% 生理盐水、50% PEG 溶液、苏木精染液。

试剂配制：

（1）Alsever 溶液：葡萄糖 2.05g，柠檬酸钠 0.80g，NaCl 0.42g，溶于100ml 双蒸水中。

（2）GKN 溶液：NaCl 8g，KCl 0.4g，$Na_2HPO_4 \cdot 2H_2O$ 1.77g，$NaH_2PO_4 \cdot 2H_2O$ 0.69g，葡萄糖 2g，酚红 0.01g，溶于 1000ml 双蒸水中。

（3）0.85% 生理盐水。

（4）50% PEG 溶液：称取一定量的 PEG（WM = 4000）放入烧杯中，沸水浴加热，使之熔化，待冷却至 50℃ 时，加入等体积预热至 50℃ 的 GKN 溶液，混匀，置 37℃ 备用。

（5）酶液：

1%　纤维素酶

1%　果胶酶

0.7mol/L　甘露醇

0.7mmol/L　磷酸二氢钾

10mmol/L　二水合氯化钙

pH6.8 ~ 7.0

（6）13% CPW 洗液：

27.2mg/L　磷酸二氢钾

101.0mg/L　硝酸钾

1480.0mg/L　二水合氯化钙

246.0mg/L　七水合硫酸镁

0.16mg/L　碘化钾

0.025mg/L　五水合硫酸铜

13% W/V　甘露醇

pH6.0

（7）20% 蔗糖溶液。

三、材　料

成年公鸡、植物叶片或花瓣。

【方法与步骤】

（一）动物细胞融合方法

（1）在公鸡翼下静脉抽取 2ml 鸡血，加入盛有 8ml 的 Alsever 液中，使血液与 Alsever 液的比例达 1∶4，混匀后可在冰箱中存放一周。

（2）取此贮存鸡血 1ml 加入 4ml0.85% 生理盐水，充分混匀，1000r/min 离心 5min，弃去上清，重复上述条件离心两次。最后弃去上清，加 GKN 液 4ml，离心。

（3）弃去上清，加 GKN 液，制成 10% 细胞悬液。

（4）取上述细胞悬液以血球计数器计数，用 GKN 液将其调整为 1×10^6 个/ml。

（5）取以上细胞悬液 1ml 于离心管，放入 37℃ 水浴中预热。同时将 50% PEG 液一并预热 15min。

（6）将 0.5ml50% PEG 溶液逐滴沿离心管壁加入到 1ml 细胞悬液中，边加边摇匀，然后放入 37℃ 水浴中保温 30min。

（7）加入 GKN 溶液至 8ml，静止于水浴中 15min 左右。

（8）1000r/min 离心 3min，弃去上清，加 GKN 溶液再离心 1 次。

（9）弃去上清，加入 GKN 液少许，混匀，取少量悬浮于载玻片上，加入苏木精染液，用牙签混匀，3min 后盖上盖玻片，观察细胞融合情况。

（二）植物原生质体制备与融合

1. 原生质体的分离

将撕去表皮的植物叶片或花瓣置于酶液（去表皮面接触酶液）中，在 25℃ 黑暗条件下，酶解 2h。用 200 目网过滤除去未完全消化的叶片等残渣。在

1000rpm 条件下离心 5min，弃上清液。加入 3 ~ 4ml13% CPW 洗液，相同条件下离心 2min，弃上清，留 1ml 洗液。用滴管将混有原生质体的 1ml 洗液吸出，轻轻铺于 20% 蔗糖溶液上（5ml 离心管装 3ml20% 蔗糖溶液），在 1000rpm 条件下离心 5min，由于密度梯度离心的作用，生活力强、状态好的原生质体悬浮在 20% 蔗糖溶液与 13% CPW 溶液之间，破碎的细胞残渣沉于管底。

用 200μl 的移液器轻轻将状态好的原生质体吸出（注意尽可能不要吸入下层的蔗糖溶液），放入另一干净的离心管中，加入 4ml13% CPW 洗液，1000rpm 离心 2min，弃上清，用血球计数板调整原生质体密度为 10^5 ~ 10^6 个/ml。

2. 原生质体融合

将 1 ~ 2 滴原生质体混和物（密度为 10^5 ~ 10^6 之间）滴入小培养皿（或载玻片上），静置 10min，相对方向加入 2 滴 40% 的 PEG 溶液，静置 10min，依次间隔 5min 加入 0. 5ml、1ml 和 2ml 含 13% 甘露醇的 CPW 洗液洗涤，注意在第二、第三次洗液加入前，用移液器轻轻吸走部分溶液，但不能吸干，否则原生质体易破碎死亡。最后用培养基洗 1 ~ 2 次即可进行培养。

3. 观　察

两种原生质体加入 PEG 融合液后，只发生粘连，在洗涤过程中才发生膜融合，核融合通常于融合体第一次有丝分裂过程中发生。

【实验报告】

（1）总结细胞融合基本方法及其原理，简述细胞融合的注意事项。

（2）绘图示所观察的细胞融合现象。

实验24　根癌农杆菌介导的植物遗传转化实验

【目的要求】

学习和掌握农杆菌介导的植物外源基因遗传转化操作技术与方法。

【实验原理】

植物的遗传转化就是将外源基因人为导入植物体内并使其稳定表达的过程。随着科学家的不断探索，将人们获得的有用基因转入目的植物的方法发展较快，现有农杆菌介导法、基因枪轰击法、PEG 法、细胞显微注射法、花粉管真空渗透法、化学法及电穿孔法等，其中农杆菌介导法是广泛使用的一种有效转化方法。农杆菌介导法所使用的质粒载体分根癌农杆菌和发根农杆菌两大类。

根癌农杆菌是普遍存在于土壤中的一种革兰氏阴性细菌，能在自然条件下趋化性地感染大多数双子叶植物的受伤部位，并诱导产生冠瘿瘤。Ti 质粒是根癌农杆菌染色体外的遗传物质，为双链共价闭合环状 DNA 分子，其环状基因按功能可分为 Vir 区、Ori 区和 T－DNA 区，该三个功能区在对植物的浸染与表达中分工明确。Vir 区又称毒性区或致瘤区，它控制根癌农杆菌附着于植物细胞和 Ti 质粒进入细胞有关部位，与感染后冠瘿瘤的形成有关。Ori 区的功能是在农杆菌中启动质粒 DNA 的复制。T－DNA 区是农杆菌侵染植物细胞时，从 Ti 质粒上切割下来转移到植物细胞的一段 DNA。它是 Ti 质粒上可整合进植物基因组中的 DNA 片段，决定着冠瘿瘤形态和冠瘿碱合成。

为利用根癌农杆菌的 Ti 质粒，发展了共整合载体系统和双元载体系统。共整合载体系统是指首先将目的基因插入到中间表达载体上，筛选出含有目的基因的重组质粒，然后将重组质粒转化到根癌农杆菌中，重组质粒与 Ti 质粒上的同源序列发生同源重组，将外源基因整合到 Ti 质粒上，用于侵染植物细胞。T－DNA 重组分子就可整合到植物细胞染色体 DNA 上。双元载体系统是农杆菌中含有两种独立复制的质粒，它们彼此相容。一种是多功能的表达载体质粒，它在大肠杆菌和土壤农杆菌中都能复制，该质粒含有 T－DNA 的两个边界序列，在边界序列之间有多克隆位点和选择标记基因，可从大肠杆菌转移至土壤农杆菌中。另一种是 Ti 衍生质粒，包含着 Vir 区，具有 Vir 功能，可以帮助 T－DNA 整合到植物染色体上。

根癌农杆菌转化植物的方法有多种，如原生质体共培养法、创伤植物感染法和叶盘法等，目前应用最广泛的技术是叶盘法。这种转基因方法十分简单，一般是将植物的叶片用打孔器截取若干小圆片，用农杆菌感染后共培养，随后转移到分化培养基上分化出芽，生根培养基上生根后，再生出完整植株。

【实验用品】

一、器　材

超净工作台、高压蒸汽灭菌锅、光照培养箱、恒温震荡摇床、冰箱、高速冷冻离心机、液氮罐、酒精灯、打孔器。pH 酸度计、电子天平、培养皿（6～9cm）若干套、1000ml 烧杯、容量瓶（10、50、100、500、1000ml），三角瓶（100ml），玻璃棒，药勺、铝箔、称量纸、长剪刀、解剖刀、长镊子、接种针、移液枪（10、200、1000μl）。

二、培养基

（1）LB 培养基：每升含有：酵母浸膏 5g，胰蛋白胨 10g，NaCl 5g，调 pH 至 7.2。

（2）YEB 培养基：每升含有：牛肉浸膏 5g，酵母浸膏 1g，蛋白胨 5g，蔗糖 5g，$MgSO_4 \cdot H_2O$ 0.5g，调 PH 至 7.0。

（3）YEP 培养基：每升含有：牛肉浸膏 10g，酵母提取液 10g，NaCl 5g，调 pH 至 7.0。

（4）实生苗培养基：1/2MS 培养基，附加 30g 蔗糖和 0.6% 琼脂，调 pH 至 6.0。

（5）预培养基：MS + 1.0～1.2mg/L 2，4 - D + 0.2mg/L 6 - BA + 30g 蔗糖 + 6g 琼脂，调 pH 至 5.8。

（6）分化培养基：MS + 0.2mg/L IAA + 2.0mg/L 6 - BA + 30g 蔗糖 + 6.5g 琼脂 + $AgNO_3$ 6mg/L，调 pH 至 5.8。

（7）筛选培养基：分化培养基 + $AgNO_3$ 6mg/L + 500mg/L Cb + 10mg/L Kana，调 pH 至 5.8。

三、材　料

（1）菌种。含目的基因共整合载体或双元载体的根癌农杆菌。

（2）烟草叶片。

【方法与步骤】

1. 烟草无菌苗的获得

在超净工作台下取普通烟草无菌苗叶片，用打孔器打取叶圆片，并接种在含有 1.0mg/L6 - BA、1.0mg/L NAA 的 MS 固体培养基上，预培养 2 天。

2. **根癌农杆菌培养**

将保存于甘油中的菌种用划线法接种于 LB 固体平板培养基上培养，挑取单菌落接种于 YEB 液体培养基中，在 27℃，220r/min 的摇床上过夜培养，当 OD_{600} 值达 0.3 ~0.5 时，将其在 5000r/min 的条件下离心 5min，弃去上清，然后用液体 MS 培养基将其重悬稀释 5 ~8 倍待用。

3. **农杆菌侵染及共培养**

于超净工作台上，将菌液倒入无菌小培养皿中，将预培养的叶圆片取出在菌液中感染 1 ~2min 后，用无菌滤纸吸干叶圆片表面菌液后，再将叶圆片直接接种于 MS 培养基上，共培养 2d。

4. **分化培养**

将共培养受体材料先用无菌水冲洗 2 ~3 次至水澄清后，材料取出并置于含有无菌滤纸的培养皿中干燥 2d。将培养物转移至附加 8 ~15mg/L 卡那霉素和 500mg/L 羧苄青霉素（或头孢霉素）的分化培养基中，在 25℃，昼夜光周期为 16/8h 恒定光照条件下培养。

5. **筛选培养**

将分化培养中获得的绿芽移置到筛选培养基（卡那霉素浓度升至 25mg/L），每隔 15 ~20d 继代 1 次，共继代 3 次。继代 2 ~3 个月后分化出苗，这些苗即为最初获得的转基因植株。

6. **生根培养**

将这些苗切下来接种于含 1.0mg/L NAA 的 1/2 MS 固体培养基上生根。

7. **转基因植株的鉴定**

取生长良好的植株叶片提取总 DNA，进行 PCR 扩增及 Southern 杂交鉴定。

【实验报告】

（1）每人用农杆菌介导法接种烟草叶片 1 瓶。

（2）写实验小结。

实验 25　细胞传代培养及其增殖动力学检测

【实验目的】

（1）了解动物细胞传代培养的操作过程，学习细胞的传代方法，观察体外培养细胞在不同时期的形态变化及生长状况。

（2）掌握细胞活力及有丝分裂指数的测定方法，学会生长曲线的测定及用流式细胞仪分析细胞周期的方法。

【实验原理】

传代培养是指将培养的一定密度的细胞分散后，以 1∶2 或以上比例转移，接种到另一个或几个容器中进行继续培养的过程。传代培养关键的步骤是：（1）消化，即用适量的蛋白水解酶和螯合剂（EDTA）将细胞从瓶壁上脱落下来并分散成单个细胞；（2）分装，即补充新的营养液，适当吹打分散后，以一瓶分两瓶或更多瓶进行分装培养。

体外培养的各种细胞株或细胞系，其传代的方法基本相同，而各种细胞所需的营养液却各不相同，本实验以 HeLa 细胞系为材料进行细胞传代培养，进行细胞增殖动力学综合研究。

利用 MTT［3－（4，5－二甲基噻唑－2）－2，5－二苯基四氮唑溴盐］法检测细胞的存活和增殖情况是目前广泛采用的方法，它的原理是基于代谢活跃的细胞可以将 MTT 还原为橙色甲瓒类化合物，为水溶性，该颜色深度可由酶标仪或分光光度计在给定波长下的吸收值确定，而其颜色深度又与代谢活跃细胞数目呈线性关系。活跃细胞数目越多，则线粒体酶活性越高，所形成的颜色越深，通过检测颜色深度，即可得出细胞的活力情况。

有丝分裂指数和生长曲线是细胞增殖动力学的主要指标。有丝分裂指数是指处于分裂期的细胞数占细胞总数的百分率，细胞经染色后用显微镜观察计数即可，方法简单，但容易出现人为误差。为了准确描述整个过程中细胞数目的动态变化，需连续对细胞进行计数。通常计数 7d。为精确起见，一般每次计数 3 瓶细胞并取平均值。典型的生长曲线可分为生长缓慢的潜伏期，斜率较大的指数生长期，呈平台状的平稳期及退化衰亡 4 个部分。以存活细胞数（万/mL）对培养时间（h 或 d）作图，即得生长曲线。除使用计数法测定细胞的生长曲线外，还可用 MTT 比色法间接测量之，通过测量 OD 值，间接测量活细胞数量。生长曲线常用于测定药物等外来因素对细胞生长的影响。一般在对数生长期的 1/3 – 1/2 处加药。细胞计数的时间和次数则依实验目的而定。

细胞周期可用流式细胞仪进行分析，主要是对单个细胞内 DNA 含量的分析，细胞经荧光染料染色后，通过标记物发出红色荧光的强弱可推算出 G_0、G_1 期（二倍体）、S 期（超二倍体）、G_2，M 期（四倍体）的比例，其结果以 DNA 分布的直方图的形式显示，进而可计算出 G_0/G_1，S/G_2+M 比率来了解细胞的增殖能力，并可了解细胞的增殖状态。此外，细胞周期的分析可以准确的反应细胞的异常增殖即癌化的潜在状态，一般来说，高 S 相比率（S – Phase Fracrion, SPF）和高增殖指数的细胞都可以理解为潜在癌细胞或癌细胞。所以，流式细胞仪在医学临床上的应用主要集中在癌细胞的早期诊断、鉴别治疗、判断预测及疗效评价等领域。

【实验用品】

一、设备与器材

倒置显微镜、37℃培养箱、酶标仪、超净台、解剖剪、解剖镊、试管、吸管、橡皮头、培养瓶（方瓶或青霉素瓶）、微孔板、多道吸液管、酒精灯、酒精棉球、试管架等。

二、试　剂

培养基（RPMI1640 或 DMEM）、小牛血清或胎牛血清、胰蛋白酶、MTT、DMSO（二甲基亚砜）、甲醇、冰醋酸、Giemsa 染液、Triton X – 100、DMF（N，N—二甲基甲酰胺）、柠檬酸、碘化丙啶（PI）、RNase A。

青、链霉素等。

（1）磷酸盐缓冲液（PBS）：

氯化钠 8g，磷酸氢二钠 0.2g，磷酸氢二钾 2.9g，氯化钾 0.2g，蒸馏水 1000ml。

（2）细胞消化液：0.25% 胰蛋白酶和 0.02% 或 0.04% EDTA 钠盐液。

（3）双抗溶液：10000 单位/ml 青、链霉素双抗溶液。

（4）细胞培养液的配制参照实验 15。

（5）Giemsa 液的配制：

称取 0.5gGiemsa 粉，量取甘油 33mL，在研钵中先用少量甘油与 Giemsa 粉混合，研磨至无颗粒时再将剩余甘油加入，在 56℃ 条件下保温 2h 后，再加 33mL 甲醇，保存于棕色瓶内。临用时用 pH6.8 的磷酸缓冲液按 1∶9 的比例混合。

（6）DTW 脱色液：1 份 Triton X – 100 溶于 3 份 DMF（N，N – 二甲基甲酰

胺）中，摇匀，然后加2份去离子水，加柠檬酸至终浓度0.2mol/L，调pH至5～6。

三、材　料

传代细胞—HeLa细胞系。

【方法与步骤】

一、细胞的传代培养

1. 贴附细胞的传代培养

在进行细胞传代培养之前，首先将培养瓶置于显微镜下检查，观察培养瓶中细胞是否已长成80%汇合度左右的单层，如已长成，即可进行细胞的传代培养，其步骤如下：

（1）吸去或倒去培养瓶中旧的培养液，然后加入适量的无钙、镁离子的PBS液，轻轻摇动片刻，即将溶液倒出。

（2）消化：向培养瓶中加入适量的消化液（0.02% EDTA或0.04% EDTA + 0.25%胰蛋白酶液各一半），以盖满细胞面为宜，置于室温或温箱中3～5min，同时在倒置显微镜下观察，到细胞回缩近球形、细胞间隙增大时，立即翻转培养瓶，肉眼观察可见细胞单层出现缝隙，即可倒去消化液；如未出现缝隙，则可将瓶翻回，继续进行消化，直到出现缝隙为止（消化时间的长短与细胞种类及细胞生长状态有关）。也可倒去消化液，让剩余的消化液继续作用片刻。消化好后加入新配制的培养液3ml，轻轻转动培养瓶，以终止消化。消化是传代的关键步骤，首先应注意消化液浓度是否适当，如过高，消化反应快、时间短，若掌握不好，细胞易流失；其次不同类型细胞对消化反应不同，有的敏感，有的迟钝，因此应根据所用细胞的特点制定适宜的消化措施。

（3）用吸管吸取培养瓶中的培养液，反复吹打瓶壁上的细胞层，直到瓶壁细胞全部脱落下来，形成分散的细胞悬液为止。

（4）取一滴细胞悬液进行计数，依据细胞浓度将其分装到两瓶或多瓶中，补足培养液，注明细胞代号、操作日期。

（5）培养及观察：将分装好的培养瓶置于培养箱中，传代细胞须逐日观察，注意细胞有无污染、培养液颜色的变化及细胞生长情况。细胞传一代后一般要经过以下5个阶段：

游离期：细胞经消化分散后，由于原生质收缩、表面张力及细胞膜的弹性，此时呈圆形、折射率高，此期可延续数小时。

吸附期（贴壁）：由于细胞的附壁特性，悬浮的细胞静置培养一段时间后便附着于瓶壁上，约为7～8h，不同细胞所需时间不同。此时的细胞立体感强，细胞质内颗粒少，透明度好。

繁殖期：约培养 12 ~ 24h 后，细胞进入加速生长和分裂时期，细胞分裂相多，起初形成细胞岛（即孤立细胞群），后来铺满整个液体浸泡的瓶壁（即形成细胞单层）。此期的细胞透明、颗粒少、细胞间界限清楚并可隐约看到细胞核。此期是细胞一代中活力最好的时期，是进行各种实验的主要阶段，在接种细胞量适宜的情况可持续 3 ~ 5d。此期可根据细胞占瓶壁有效面积的百分率分为四级：以“+”的多少表示如下：

+：细胞占瓶壁有效面积的 25% 以内，有新生细胞。

+ +：细胞占瓶壁有效面积的 25% ~ 75%。

+ + +：细胞占瓶壁有效面积的 75% ~ 95%，细胞排列致密，仍有空隙。

+ + + +：细胞占瓶壁有效面积的 95% 以上，细胞已铺满或接近铺满，单层，致密，透明度好。

从“+ +”至“+ + + +”为细胞的对数生长期（或称指数生长期）。

维持期：细胞形成单层后生长与分裂减缓，并逐渐停止生长，这种现象被称为细胞的生长接触抑制（Contact Inhibition）。接触抑制是正常细胞与肿瘤细胞的区别之一，肿瘤细胞接触抑制消失，细胞接触连接成片后，仍然能够进行分裂，当培养液中营养成分减少，代谢产物增多到一定程度时，细胞则发生密度抑制，导致细胞停止分裂。此期的细胞胞质内颗粒逐渐增多、透明度下降、立体感较差，细胞间的界限逐渐模糊。由于代谢产物的不断积累，培养液逐渐变酸，因为培养液内含有酚红指示剂，所以培养液变为橙黄色或黄色。

衰退期：由于培养液中的营养日渐减少和细胞日龄的增长，以及代谢产物的不断积累等因素影响，此时的细胞胞质中颗粒进一步增多、透明度更低、立体感更差，细胞间出现空隙，最后细胞皱缩，从瓶壁上脱落下来。

2. 悬浮生长细胞的传代

大多数细胞在体外培养时为贴附生长，但有少数细胞（如某些癌细胞和血液白细胞）为悬浮生长或人为使其悬浮生长，悬浮培养细胞的传代过程不同于贴附细胞，其上述方法的第 2、3、4 步应改为 2、3 两步（其他步骤大致相同）：

（1）将悬浮细胞及培养液吸入离心管，在低速（500 ~ 800r/min）条件下离心，5min。

（2）弃去上清液，加少量新配制的培养液，用吸管将沉降的细胞吹打开，使其呈悬浊态。

其后的培养与贴附生长细胞的培养方法相同。

二、MTT 法测定细胞活力

（1）对所收集的细胞悬液离心，贴壁细胞需以胰酶消化或刮取收集，调整细胞悬液浓度到 1×10^6/ml。

（2）以细胞培养液系列稀释细胞，浓度自 1×10^6/ml 至 1×10^3/ml。

（3）将各浓度细胞悬液加入孔中，每个孔100μl，每浓度作3个平行对照。以不加细胞的培养液做空白对照。

（4）在合适的条件下培养细胞6～48h。

（5）加10μl MTT试剂后，培养板重新置于培养箱中，温育2～4h。

（6）每隔一定时间，取板，在倒置显微镜下观察细胞内是否出现紫色点状沉淀。

（7）当紫色点状沉淀在显微镜下清晰可见时，包括空白对照孔在内的所有孔内加入洗涤试剂，每孔100μl。

（8）于酶标仪570nm下检测各孔吸收值。可选择550～600nm之间的任一波长检测吸收值。参考波长应高于650nm。空白对照孔的吸收值应接近于0。

（9）若读数过低，需将板继续避光温育。

（10）计算3个平行的对照平均值，减去空白对照孔的平均值后，即得到各浓度细胞的光吸收值。以每毫升细胞数为横坐标，以该浓度的吸收值为纵坐标作图，绘制出细胞增殖的生长曲线。

三、有丝分裂指数测定

（1）消化细胞，将细胞悬液接至内含盖玻片的培养皿中。

（2）CO_2 培养箱中培养48h，使细胞长在盖片上。

（3）取出盖片，按下列顺序操作：

PBS漂洗3min→甲醇：冰醋酸（3∶1）固定液中固定30min→Giemsa液染色10min→自来水冲洗。

（4）盖片晾干后反扣在载玻片上，镜检。

（5）按下列公式计算有丝分裂指数：分裂指数＝分裂细胞数/细胞总数×100%。

四、细胞生长曲线的测定

1. 细胞生长曲线测定（计数法）

（1）取生长良好接近80%汇合的细胞，用胰酶消化，用新培养基制成细胞悬液后计数。如是悬浮生长细胞，则离心弃旧培养基后，换上一定量的新鲜培养基然后制成细胞悬液计数。

（2）根据细胞计数结果按每个小方瓶 5×10^4/ml 作传代培养接种细胞，共接种21瓶细胞。

（3）24h后开始计数，以后每隔24h计数一次，每次取3瓶细胞，分别进行计数。计算平均值。连续计数7d。

（4）根据细胞计数结果，以单位细胞数（细胞数/ml）为纵坐标，以时间为横坐标绘制生长曲线。

2. 细胞生长曲线测定（MTT 法）

（1）制备 1ml 细胞悬液。空白对照以 1ml 培养基代替细胞悬液。加入 0.1mlMTT 于 37℃孵育 4h。使 MTT 还原为蓝紫色甲瓒结晶。

（2）加 1mlDTW 脱色液，37℃至少静置 30min（甚至过液），使甲瓒颗粒充分溶解。

（3）吸取 200μl 该溶解液至 96 孔板孔中，在酶标仪上读取 OD 值，检测波长 570nm，参考波长 630nm。

（4）每隔 24h 测量一个点，每个点为 3 个平行样品的平均值。

五、流式细胞仪分析细胞周期

细胞用胰酶消化后，离心收集，用冰冷的 PBS 洗，然后在 80% 乙醇 -20℃固定。12h 后，样品用冰冷的 PBS 洗 3 次，加入 200mg/L 无 DNase 的 RNase，37℃保温 30min，之后加入 1g/L 的碘化丙啶，37℃保温 30min，样品在 4℃避光保存，并在 24h 内测量，每种样品做 3 个平行组。

【实验报告】

（1）记录传代细胞生长情况，分析实验过程中对实验结果产生影响的因素。

（2）绘制细胞有丝分裂指数曲线及细胞生长曲线。

（3）总结流式细胞仪分析细胞周期的原理及方法。

实验 26　单克隆抗体的制备及鉴定

【目的要求】

（1）学会运用杂交瘤技术来制备针对特定抗原的单克隆抗体。
（2）掌握杂交瘤技术的基本原理和基本操作方法。

【实验原理】

杂交瘤技术是用于制备单克隆抗体而创建的一项重要技术，被誉为“免疫学上的一次革命”。此技术被广泛使用于各种单克隆抗体的制备。

抗体是在对抗原刺激的免疫应答中，B 淋巴细胞产生的一类糖蛋白，能与相应抗原特异的结合，产生各种免疫效应（生理效应）的球蛋白。单克隆抗体（Monoclonal Antibody）为只针对某一特定的抗原决定簇，纯度高的抗体。抗体是由 B 淋巴细胞分泌的，一个 B 淋巴细胞只能分泌一种抗体。如果能让一个 B 淋巴细胞实现单克隆性无限增殖，其扩增传代，所分泌的抗体即为高度纯一的单克隆抗体。1975 年 Kohler 和 Milstein 将 B 淋巴细胞和骨髓瘤细胞融合，形成体外长期存活并分泌抗体的杂交瘤细胞，通过单个杂交瘤细胞克隆化，扩增传代，生产出了单克隆抗体，建立了杂交瘤技术，这一成就被誉为“免疫学上的一次革命”。

单克隆抗体具有高度专一性，一种单克隆抗体只能结合一种特定的抗原决定簇。正是由于其这种高度专一性，因此被广泛用于疾病的诊断和治疗，生物大分子的鉴定、定位和分离纯化，以及一些细胞器、特定细胞或病毒的鉴定、定位和分离等方面，具有极其远大的应用前景，因此，用于制备单克隆抗体的杂交瘤技术也变得越来越重要，应用范围也越来越广。

杂交瘤技术是基于动物免疫、细胞融合和杂交瘤细胞的筛选三项关键技术而建立起来的。

一、动物免疫

动物体内的 B 淋巴细胞在特定外来抗原的刺激下，可以大量增殖变成浆细胞以分泌针对于该抗原的抗体。脾内不同的 B 淋巴细胞克隆可分泌针对不同抗原的抗体。当受到特定外来抗原刺激时，相应的 B 淋巴细胞克隆便大量增殖以分泌相应的特异性抗体。动物免疫的作用就是用特定外来抗原对动物进行一次或多次免疫，以刺激能分泌针对于该抗原抗体的 B 淋巴细胞大量增殖，从而得到大量产生专一反应的 B 淋巴细胞。

二、细胞融合

B 淋巴细胞受外来抗原刺激后可以分泌抗体，但它在体外存活很短时间（最多两周）后即死亡；而骨髓瘤细胞不分泌任何免疫球蛋白，却能在体外长期存活。如果能将这两种细胞的特性结合起来，我们就能得到既能分泌抗体又能在体外长期存活的细胞。

脾脏是动物体内 B 淋巴细胞集中的最大免疫器官，取出脾细胞（B 淋巴细胞）和骨髓瘤细胞融合后，能产生五种细胞类型：未融合的脾细胞和骨髓瘤细胞，自身融合的脾细胞和骨髓瘤细胞，以及脾细胞和骨髓瘤细胞融合形成的杂交瘤细胞。其中杂交瘤才是我们需要的，因此就要设法将此杂交瘤细胞从上述细胞混合液中筛选出来。

三、杂交瘤细胞的筛选

在细胞融合后，要从上述五种细胞中筛选出杂交瘤细胞，一般使用 HAT 培养基进行筛选，HAT 培养基中含有次黄嘌呤（H）、氨基喋呤（A）和胸腺嘧啶（T）三种成分。细胞的 DNA 合成有内源性途径（主要途径）和外源性途径（旁路途径）两种方式。内源性途径就是利用谷氨酰胺或单磷酸尿苷酸在二氢叶酸还原酶的催化下合成 DNA；而外源性途径则是利用次黄嘌呤或胸腺嘧啶在次黄嘌呤鸟嘌呤磷酸核糖转移酶（HGPRT）或胸腺嘧啶激酶（TK）的催化下来补救合成 DNA，HAT 培养基中的氯基喋呤是二氢叶酸还原酶的抑制剂，能有效地阻断 DNA 合成的内源性途径。B 淋巴细胞具有 HGPRT 和 TK 这两种酶，因此在内源性途径被阻断后仍能利用 HAT 培养基中的次黄嘌呤和胸腺嘧啶来合成 DNA，可在 HAT 培养基中存活，但由于其属正常细胞而不能长期存活。骨髓瘤细胞由于选用的是 HGPRT 和 TK 缺陷型，缺乏 HGPRT 酶和 TK 酶，在内源性途径被阻断后不能进行 DNA 的合成而不能在 HAT 培养基中存活。杂交瘤细胞由于继承了 B 淋巴细胞和骨髓瘤细胞的双重特性，能够合成 HGPRT 酶和 TK 酶，故在 HAT 培养基中能长期存活。因此将融合后混合细胞在 HAT 培养基中培养两周后，只有杂交瘤细胞能存活下来，成为制造单克隆抗体的细胞源。

【实验用品】

一、器　材

1. 主要设备

无菌室（或超净台）、普通离心机、倒置显微镜、酶联免疫检测仪、CO_2 恒温培养箱、恒温水浴、烤箱、高压灭菌锅。

2. 小型器材

血细胞计数板、25ml 和 50ml 培养瓶、96 孔和 24 孔培养板、40 孔酶标板、

50ml 塑料离心管、10ml 玻璃离心管、1ml、5ml 和 10ml 吸管、6cm 培养皿、100ml 和 50ml 培养液瓶、1ml、5ml 和 10ml 注射器、小滴管、玻璃套管、中、小型手术剪刀、中、小型手术镊、6 号针头、L 型 6 号针头、500ml 和 1000ml 烧杯、酒精灯、不锈钢网（5×5cm200 目）、解剖盘、培养液抽滤灭菌装置、橡皮塞、70 %酒精棉球。

二、材 料

8~12 周龄 BALB/C 纯系小鼠；SP2/O－Ag14 骨髓瘤细胞；抗原物质。

三、试 剂

RPMI1640 培养基、小牛血清（FCS）、GKN 液、50% PEG 液、HT 培养液、HAT 培养液、0.5% 台盼蓝、1mol/L NaOH、1mol/L HC1、包被液、底物反应液、辣根过氧化物酶－羊（或兔）抗鼠 IgG、青霉素、链霉素。

各种试剂配方如下：

1. RPMI1640 基本培养液

RPMI1640 粉 10g，加三蒸水至 1000ml，再加入青、链霉素各 10 万单位，用 1mol/L NaOH 和 1mol/L HCl 调 pH 至 7.0，用 0.22μm 滤膜抽滤除菌，分装冻存备用。

2. RPMI1640 完全培养液

RPMI1640 基本培养液	80ml
无菌的灭活小牛血清（FCS）	20ml

新鲜小牛血清在 56℃ 灭活 30min 后，抽滤除菌。

3. 100×HT 母液

次黄嘌呤（H）	136.1mg
胸腺嘧啶（T）	38.8mg
三蒸水	100ml

于 50℃ 溶解后，用 0.22μm 滤膜抽滤除菌，分装备用。

4. 100×A 母液

氨基喋呤（A）	1.76g
三蒸水	90ml

滴加 1mol/L NaOH 至完全溶解，再用 1mol/L HCl 调 pH 至 7.5，加三蒸水至 100ml，用 0.22μm 滤膜抽滤除菌，分装冻存备用。

5. HT 培养液

RPMI1640 完全培养液	1000ml
100×HT 母液	10ml

6. HAT 培养液

RPMI1640 完全培养液	1000ml

100×HT 母液	10ml
100×A 母液	10ml

7. GKN 液

NaCl	8.0g
KCl	0.4g
$Na_2HPO_4 \cdot 2H_2O$	1.77g
$NaH_2PO_4 \cdot H_2O$	0.69g
葡萄糖	2.0g
酚红	0.01g
三蒸水	1000ml

用0.22μm滤膜抽滤除菌。

8. 50% PEG（聚乙二醇）溶液

取分子量1000Da PEG5g用高压灭菌法融化，冷却至50℃时加入5ml预热50℃的无菌GKN液，混匀后分装冻存备用。在融合时用1mol/L NaOH调pH8.0~8.2左右。

9. 包被液

Na_2CO_3	1.59g
Na_2HCO_3	2.93g
蒸馏水	1000ml

置4℃保存备用。

10. PBSS－T20 缓冲液

NaCl	8.0g
$Na_2HPO_4 \cdot 12H_2O$	2.9g
KH_2PO_4	0.2g
KCl	0.2g
吐温（Tween）20	0.5g
蒸馏水	1000ml

置4℃保存备用。

11. 底物缓冲液

A液：0.1mol/L柠檬酸；B液：0.2mol/LNa_2HPO_4。取A液24.3ml＋B液25.7ml，加入蒸馏水至100ml。

12. 底物反应液（使用液）

底物缓冲液	100ml
邻苯二胺（OPD）	40mg
过氧化氢（H_2O_2）	150ml

【方法与步骤】

一、抗原制备

一般而言，抗原的纯度不很重要，特别是免疫原性较强的抗原。

1. 可溶性抗原（蛋白质）

以 1mg/ml ~ 5mg/ml 的溶液加等量的弗氏完全佐剂乳化，分多点小鼠皮下注射，总量为 0.3ml ~ 0.6ml，间隔 3 ~ 5 周再同样注射一次，10 天后，断尾取血一滴，测抗体效价，选滴度高的小鼠做融合试验。一个月后可以经静脉（尾静脉）给予无佐剂抗原 0.2ml ~ 0.4ml，3 ~ 4 天后，杀死小鼠取脾做融合用。

2. 颗粒性抗原

如抗原来源方便，可以不加佐剂而增加免疫次数，缩短间隔时间。例如用羊红血球免疫小白鼠，以 1% 浓度每只皮下注射 0.2ml，每周 2 次，共免疫 5 ~ 8 次，取脾前 3 天，再免疫一次即可。有人认为最后一次免疫剂量要大，大到近于免疫耐受的程度更好。

二、免疫动物

纯种 BALB/C 小鼠，较温顺，离窝的活动范围小，体弱，食量及排污较小，一般环境洁净的实验室均能饲养成活。目前开展杂交瘤技术的实验室多选用纯种 BALA/C 小鼠。

免疫程序、剂量和方法是关系到是否能得到所需要的单克隆抗体的关键之一。正常小鼠脾脏含有能产生各种不同抗体的 B 淋巴细胞，为了提高得到某种杂交瘤的机会，必须加强免疫，使产生特异性抗体的 B 淋巴细胞大量增加。B 淋巴细胞的不同发育阶段对获得阳性杂交瘤也有很大影响。有人认为处在转化时期的 B 淋巴细胞可能更易于融合，而免疫以后 7 ~ 8 天，虽然是抗体产生的高峰时期，但形成有活力的杂交瘤细胞的可能性反而减少。故一般认为加强免疫后的第三天应杀鼠取脾做细胞融合。

三、细胞融合及 HAT 筛选

细胞融合方法一般有病毒介导的细胞融合、PEG 介导细胞融合等。目前最常使用的融合方法是 PEG 介导的细胞融合方法，该方法具有操作简便、快速省时且融合效果好等优点。本实验使用的是一种快速 PEG 融合方法，具体操作如下：

（一）细胞悬液的制备（均在无菌条件下操作）

在杂交瘤技术中要使用三种细胞悬液：脾细胞悬液、SP2/O - Ag14 骨髓瘤细胞悬液和腹腔巨噬细胞（用作饲养细胞）悬液。

1. **脾细胞悬液的制备**

（1）免疫过的血清抗体滴度高的 BALB/C 鼠，拉颈或用 CO_2 处死。

（2）将小鼠放于 70% 酒精中浸泡 5min 消毒，取出固定于板上，在无菌条件下取脾。

（3）把脾放入 5mlGKN 液中，冰浴下轻轻洗去脾上的红血球。

（4）用镊子轻轻挤压脾，做成脾细胞悬液，用毛细管将悬液移入小试管中。

（5）直立小试管 3min，使大块的结缔组织下沉，把细胞悬液移入离心管中。

（6）以 GKN 液充满离心管，并以 400g 离心 7～10min（与此同时应开始制备骨髓瘤细胞）。

（7）把沉淀用约 10ml 的新鲜培养液再悬浮。

（8）重复（6）、（7）步骤。

（9）计算细胞，以台盼兰染色用相差显微镜检查，活细胞数应高于 80% 为合格。

2. SP2/O－Ag14 **细胞悬液的制备**

将 SP2/O－Ag14 细胞用 RPMI1640 完全培养液作增殖培养，每天传代一次，连续传代三天，使细胞在融合时达到对数生长期。取 3～5 瓶（50ml 的培养瓶）SP2/O－Ag14 细胞，倾去原来的培养上清液，每瓶加入 37℃ GKN 液 4ml，将细胞悬浮起来，收集各瓶中细胞液放入一个 50ml 塑料离心管中，1000r/min 离心 5min（为省时可同脾细胞一同离心），弃去上清液，用 10ml37℃ GKN 液将细胞悬浮均匀，取 0.1ml 作活细胞计数，其余悬液置 37℃ 备用。

3. **饲养细胞悬液的制备**

在体外的细胞培养中，单个的或数量很少的细胞不易生存与繁殖，必须加入其它活的细胞才能使其生长繁殖，加入的细胞称之为饲养细胞（Feeder cell）。在细胞融合和单克隆的选择过程中，就是在少量的或单个细胞的基础上使其生长繁殖成群体，因此在这一过程中必须使用饲养细胞。许多种类的动物细胞都可以做饲养细胞，如正常的脾细胞、胸腺细胞、腹腔渗出细胞等，常选用腹腔渗出细胞，其中主要是巨噬细胞和淋巴细胞。应用腹腔渗出细胞的好处是：一方面做饲养细胞，另一方面巨噬细胞可以吞噬死亡的细胞和细胞碎片，为融合细胞的生长造成良好的环境。腹腔细胞的来源可以是与骨髓瘤细胞同系鼠。也可以是其他种类的小鼠，如 C57 鼠，昆明小白鼠等。

取 12 周龄 BALB/C 小鼠，颈椎脱臼处死，浸入 70% 酒精中消毒 5min。在解剖盘中无菌打开腹部皮肤，暴露出腹膜，向腹腔中注入 10mlRPMI1640 完全培养液，按摩腹部 1～2min 后，用注射器抽出腹腔液（一般可抽出 8～9ml），放入一个 50ml 塑料离心管中，置 37℃ 备用。一般一只小鼠取出的腹腔巨噬细胞可接种3～5块24孔或96孔培养板。可根据需接种的培养板数来确定所使用饲养细胞的量。

（二）细胞融合及HAT筛选（在无菌条件下操作）

（1）将已计数脾细胞和SP2/O－Ag14骨髓瘤细胞按6∶1的数量比例混合于一个50ml塑料离心管中，1000r/min离心10min。

（2）弃上清液，轻弹离心管底部，使沉淀细胞松散，放40℃预热1～2min。

（3）向已预热的离心管中边摇边在45s内匀速加入1ml50%PEG溶液。

（4）立即在90s内边摇边向管内加速加入15ml37℃GKN液，放室温静置10min。

（5）1000r/min离心10min，弃上清。

（6）向离心管中加入37℃腹腔巨噬细胞悬液和40ml37℃的HAT培养液，悬浮均匀。

（7）将细胞悬液分种于二块24孔板（0.5ml/孔）和二块96孔板（0.2ml/孔）中，放37℃5%CO_2孵箱中培养。

（8）每天观察细胞的生长情况。

（9）于融合后第5天，用HAT培养液半量换液；于第10天用HT培养液半量换液；于第14天用HT培养液全量换液。

（10）当杂交瘤细胞长满孔底面积的1/2～2/3时，即可取培养上清液进行抗体检测。

四、抗体的检测

检测抗体的方法应根据抗原的性质、抗体的类型，选择不同的筛选方法，一般以快速、简便、特异、敏感为原则。常用的方法有：放射免疫测定（RIA）可用于可溶性抗原、细胞McAb的检测；酶联免疫吸附试验（ELISA）可用于可溶性抗原、细胞和病毒等McAb的检测，操作简便快速、灵敏度高（0.5ng/ml），且适于大规模操作；免疫荧光试验适合于细胞表面抗原的McAb的检测；其它如双相扩散法、间接血凝试验、细胞毒性试验、旋转粘附双层吸附试验等。

在杂交瘤技术中常使用酶联免疫吸附实验法和双相扩散法。

1. 酶联免疫吸附实验法

（1）将一定浓度抗原液按每孔100μl的量分别加入40孔酶标板孔中，轻轻震荡使液体覆盖孔底。

（2）把酶标板在4℃冰箱中过夜（或37℃孵育1～2h）。

（3）取出包被好的酶标板，倾去其中液体，用PBSS－T20缓冲液洗涤酶标板孔，每次洗3min，共洗3次。

（4）每孔加入含1%小牛血清白蛋白（BSA）的PBSS－T20缓冲液至孔满，室温下封闭30min。

（5）甩去封闭液，用 PBSS－T20 缓冲液洗 3 次，每次 3min。

（6）每孔加入待测杂交瘤培养上清液 100μl。留出 4 孔加入 100μl 阳性血清作为阳性对照，4 孔加入 HT 培养液 100μl 作为阴性对照，4 孔加入 PBSS－T20 缓冲液 100μl 作为空白对照。

（7）37℃恒温水浴 60～90min。

（8）甩去待测上清液及对照液，用 PBSS－T20 液洗 5 次，每次 3min。

（9）每孔加入 100μl 按 1∶500 倍稀释的标有辣根过氧化物酶的羊（或兔）抗鼠 IgG，37℃孵育 60min。

（10）甩去酶标二抗液，用 PBSS－T20 液洗 5 次，每次 3min。

（11）每孔加入 100μl 邻苯二胺底物反应液，室温暗处反应 30min。

（12）每孔加入 1 滴 2mol/L H_2SO_4 终止反应，用酶联免疫检测仪进行结果检测。呈现棕褐色反应者为阳性反应。检测出上清液为阳性的培养板孔即为阳性孔，可进行克隆化实验。

2. 双相扩散法

（1）用含有 0.01% NaN_3 和 1% 琼脂的磷酸缓冲液倒平板，每块 9cm 培养皿中倒入 18ml。

（2）用打孔器在倒好的琼脂平板上均匀打 7 个孔，中央一孔的孔径为 4mm 周围 6 孔的孔径为 6mm，中央孔与周围孔间距 8～10mm。

（3）中央孔加入待测的杂交瘤培养上清液至孔满，周围也分别加入羊（或兔）抗鼠二抗：IgG_1，IgG2a，IgG2b，IgG_3，IgM 的标准抗体制品至孔满。待孔中液体吸干后将培养皿倒置。

（4）40℃放置 5～7h 或 37℃过夜。

（5）取出琼脂板观察结果，出现沉淀线可初步判定为免疫反应呈阳性，另外还可根据沉淀线的位置来确定所含抗体的类型。

（6）有阳性免疫反应的培养上清液原来所在的培养板孔即为阳性孔，可进行克隆化实验。

五、杂交瘤的克隆化

杂交瘤克隆化一般是指将抗体阳性孔进行克隆化。因为经过 HAT 筛选后的杂交瘤克隆不能保证一个孔内只有一个克隆。在实际工作中，可能会有数个甚至更多的克隆，可能包括抗体分泌细胞、抗体非分泌细胞、所需要的抗体（特异性抗体）分泌细胞和其它无关抗体的分泌细胞。要想将这些细胞彼此分开就需要克隆化。克隆化的原则是，对于检测抗体阳性的杂交克隆尽早进行克隆化，否则抗体分泌的细胞会被抗体非分泌的细胞所抑制，因为抗体非分泌细胞的生长速度比抗体分泌的细胞生长速度快，二者竞争的结果会使抗体分泌的细胞丢失。即使克隆化过的杂交瘤细胞也需要定期的再克隆，以防止杂交瘤细胞的突变或染色体丢失，从而丧失产生抗体的能力。

克隆化的方法很多，最常用的是有限稀释法和软琼脂平板法。

1. 有限稀释法克隆

（1）克隆前 1 天制备饲养细胞层（同细胞融合）。

（2）将要克隆的杂交瘤细胞从培养孔内轻轻吹散，计数。

（3）调整细胞为 3 ~ 10 个细胞/ml。

（4）取头天准备的饲养细胞层的细胞培养板，每孔加入稀释细胞 100μl 培养。

（5）在第 7 天换液，以后每 2 ~ 3 天换液 1 次。

（6）8 ~ 9 天可见细胞克隆形成，及时检测抗体活性。

（7）将阳性孔的细胞移至 24 孔板中扩大培养。

（8）每个克隆应尽快冻存。

2. 软琼脂培养法克隆

（1）软琼脂的配制。

1% 琼脂水溶液：高压灭菌，42℃预热。

0.5% 琼脂：由 1 份 1% 琼脂水溶液加 1 份含 20% 小牛血清的 2 倍浓缩的 RPMI1640 配制而成，置 42℃保温。

（2）用上述 0.5% 琼脂液（含有饲养细胞）15ml 倾注于直径为 9cm 的平皿中，在室温中待凝固后作为基底层备用。

（3）按 100 个/ml，500 个/ml 或 5000 个/ml 等浓度配制需克隆的细胞悬液。

（4）1ml0.5% 琼脂液（42℃预热）在室温中分别与 1ml 不同浓度的细胞悬液相混合。

（5）混匀后立刻倾注于琼脂基底层上，在室温中 10min，使其凝固后培养。

（6）4 ~ 5 天后即可见针尖大小白色克隆，7 ~ 10 天后，直接移种至含饲养细胞的 24 孔板中进行培养。

（7）检测抗体，扩大培养，必要时再克隆化。

六、实验结果

（1）在细胞融合前取出脾脏时，如果脾脏比正常状态明显膨大，则说明有免疫效果，用此脾脏的脾细胞进行细胞融合成功的可能性较大；如果脾脏无明显膨大则说明免疫效果不佳，可及时终止实验，以免浪费人力物力而一无所获。

（2）融合结果的观察。细胞融合后，将培养板放于倒置显微镜下观察，则可看到各种类型的细胞，有未融合的脾细胞和 SP2/O - Ag14 骨髓瘤细胞，也有融合细胞。在融合细胞中，有的已完成融合过程，变成了融合细胞，有的仍然呈哑铃形，在高倍镜下仔细观察即可分辨出细胞中有两个核，可以计算一下融合率来判定融合效果。

在融合后第3~5天，便可看到SP2/O-Ag14骨髓瘤细胞大量死亡。死亡细胞逐渐变得不透明，最终解体，丧失贴壁性，从孔底脱落，经换液可清除部分死亡细胞以免影响活细胞的生长。培养孔中较大的透亮细胞为杂交瘤细胞。脾细胞较小，于融合后第14天左右大量死亡，经换液可去除部分死亡细胞以减少对活细胞的毒害作用。

在融合后第5天左右即可看到小的细胞克隆，检查培养板并标出含有单个细胞克隆的培养孔。单细胞克隆的外形为圆形的细胞团，否则可能不是单细胞克隆。

【实验报告】

（1）总结杂交瘤技术制备单克隆抗体的实验原理及操作流程。

（2）单细胞克隆有何形态特征？如何判定一个细胞团是不是单克隆细胞？

实验 27　细胞核移植实验

【目的要求】

（1）掌握显微操作仪的使用要领及注意事项。

（2）熟悉卵细胞核移植技术基本技术环节。

【实验原理】

细胞核移植技术是指用机械的办法把一个被称为“供体细胞”的细胞核移入另一个除去了细胞核被称为“受体”的细胞中，然后这一重组细胞进一步发育、分化的技术方法。核移植的原理是基于动物细胞的细胞核的全能性。

细胞核移植技术克隆动物的设想，最初在 1938 年提出。从 1952 年起，科学家们首先采用两栖类动物开展细胞核移植克隆实验，先后获得了蝌蚪和成体蛙。1963 年，我国童第周教授领导的科研组，以金鱼等为材料，研究了鱼类胚胎细胞核移植技术，获得成功。

1996 年，英国爱丁堡罗斯林研究所成功地利用细胞核移植的方法培养出一只克隆羊——多利，这是世界上首次利用成年哺乳动物的体细胞进行细胞核移植而培养出的克隆动物。

【实验用品】

一、仪器和器具

显微操作仪、细胞融合仪、双筒解剖镜、电热式拉针器、磨针仪、CO_2 培养箱、微型玻璃吸管、微型玻璃针等。

二、试　剂

（1）Holtfreter：NaCl 0.35g、KCl 0.005g、$CaCl_2$ 0.01g 溶于 100ml 双蒸水中，煮沸，冷却后加 $NaHCO_3$ 0.02g，pH7.0。

（2）分离液：NaCl 0.35g、KCl 0.005g、$C_{10}H_{14}N_2O_8 \cdot 2H_2O$ 0.055g 溶于 100ml 双蒸水中，煮沸，冷却后加 $NaHCO_3$ 0.02g，pH7.0。

（3）生理盐水、PBS。

（4）0.3% 透明质酸酶、0.5% 胰蛋白酶、0.04% EDTA、7.5μg/ml 细胞松弛素，均用 PBS 配制。

（5）融合液：0.3mol/L 甘露醇、0.1mmol/L$MgSO_4$、0.05mmol/L$MgCl_2$、

0. 1mmol/L $CaCl_2$。

三、材　料

金鱼或其他鱼类、白色和黑色家兔。

【方法与步骤】

一、鱼类核移植实验

1. 受体卵的准备

鱼类核移植实验使用的受体细胞为鱼未受精的卵子，它有两个特点，一是体积比较大，在一般解剖镜下便可以进行细胞核移植操作，不需要特殊的显微镜操作设备；二是遇水即被激活，无需针刺或温度的刺激，实验操作简便易行。

（1）挤出成熟卵子放到水中，待卵膜吸水膨胀，卵周隙扩大后，用镊子去除卵膜，使卵子游离出。

（2）用吸管将去膜后的卵子移至底上涂有琼脂的培养皿内，皿内盛有 Holtfreter 液。

（3）用眼科镊轻轻拨动卵子使其动物极朝向一侧，可看到动物极紧靠胚盘中心有一透亮的向上顶起的极体，卵核就在下方。

（4）用直径 20 ~ 40μm 的玻璃针从紧靠极体处刺入卵内，再向外一挑，使卵核连同少许胞质一同流出，便得到去核卵子，即胞质受体。

2. 核供体的准备

（1）将发育到囊胚期的金鱼胚胎，剥去卵膜，置于底上涂有琼脂并盛有分离液的培养皿内。

（2）在解剖镜下用玻璃针切下位于动物极的囊胚细胞团，2 ~ 3min 后细胞就会分散开，需要时用吸管吹打，使其分散。

（3）迅速将这些细胞转移到盛有去核卵子的培养皿内备用。

3. 移植细胞核

（1）用微细管吸取单个囊胚细胞，因微细管直径很小，而囊胚细胞吸入后即破裂。

（2）将该囊胚细胞核连同少量胞质注入去核受体卵的胚盘中心处。

4. 培　养

待胚盘上的伤口愈合后，将移核卵移到 1/10Holtfreter 液中培养并观察发育情况。

二、哺乳类细胞核移植实验

1. 核供体细胞的准备

（1）取黑色家兔作核供体亲兔，正常交配。

（2）第 4 天从雌兔中收集胚泡，放于 0. 5% 胰蛋白酶 + 0. 04% EDTA PBS 溶液中，37.5℃培养 30min，去掉透明带，分离出内细胞团（IMC）。

（3）在酶的作用下，将内细胞团分散成单个细胞。

2. 核受体细胞的准备

（1）超数排卵：取白色家兔作核受体亲兔，每天下午 5：00 注射 100IU 孕马血清（PMSG），连续注射 4d 后再注射 100IU 人绒毛膜促性腺激素。

（2）第 5 天上午处死兔子，取出输卵管，冲出卵母细胞。

（3）0.3% 透明质酸酶处理 15～20min，去除卵丘细胞。

3. 移植细胞核

（1）在显微操作仪上用微细管从核供体细胞内取出细胞核，立即移入受体细胞内。

（2）同时将受体细胞内的雌核吸出。

4. 重组胚的融合

将移核卵放入融合液 1～2min，移至融合槽进行电融合。融合参数为电场强度 2.2kV/cm 持续时间 100μs 的两次直流脉冲，脉冲间隔为 25～30min，第一次脉冲前先施加 10V 的交流电场 5～10s。

5. 重组胚的体外培养

将重组胚转入培养液（10% FCS + TCM199/DMEM）中，CO_2 培养箱培养 4d 到囊胚期。

6. 重组胚的移植

将重组胚胎植入白色假孕兔子子宫发育。在重组胚移植的前一天选择发情的雌兔，与已经结扎的雄兔交配，获得假孕兔子。重组胚胎移植后，仔细饲喂代孕兔，密切观察胚胎发育情况。

【实验报告】

记述实验过程，描述移核重组胚的发育情况，比较哺乳动物的细胞核移植与鱼类细胞核移植在技术上的不同之处，分析影响兔子核移植成功与失败的关键因素。

第三部分　研究性实验

实验28　两栖爬行动物冬眠前与冬眠中期肝细胞内糖原的变化

【研究背景】

冬眠是两栖爬行动物一个很重要的生命现象。在冬眠期，动物的生理活动和新陈代谢发生显著变化，体温可降到零上几度，代谢率也同时降低。冬眠期动物不进食，主要靠消耗体内贮存的能源。肝糖原是由许多葡萄糖分子聚合而成的物质。葡萄糖聚合物以糖原的形式储存于肝脏，当机体需要时，便可分解成葡萄糖，转化为能量。通过了解冬眠前与冬眠中期肝细胞内糖原的变化可加深我们对动物冬眠机制的认识，也可为人工养殖中动物的安全越冬提供参考资料。

【方法提示】

一、查阅文献资料，确定研究题目和研究目标

推荐查询中国期刊网全文数据库、http：//www. ncbi. nlm. nih. gov、http：//www. wanfangdata. com. cn 等网站和数据库。

二、实验材料准备

建议选择某种经济养殖型两栖爬行动物，分别于冬眠前和冬眠期取材。

三、研究技术的选择

（1）用透射电子显微镜技术研究肝细胞超微结构（参考实验2），观察肝细胞中肝糖原颗粒数量和大小的变化情况。

（2）用石蜡切片技术和PAS反应（参考实验19）显示肝糖原，通过反应颜色的深浅变化判定肝糖原量的变化情况。

注意：在肝糖原染色中用10%甲醛液固定肝组织可使肝糖原完全溶解消失，改用酒精固定液可保存肝糖原。

实验 29 不同生理状况下动物消化道内分泌细胞形态与分布的变化

【研究背景】

消化道粘膜的面积特别大，其内分泌细胞的总数超过所有其它内分泌腺细胞的总数，因而消化道粘膜被认为是体内最大、最复杂的内分泌器官。研究表明，消化道内分泌细胞所分泌的胃肠激素至少有 4 个方面的作用：参与调节食物在消化道中的消化和吸收过程；影响其它一些内分泌腺的活动；对消化道本身具有营养和保护作用；对动物的摄食行为具有控制作用。对不同生理状况下的动物消化道内分泌细胞的分布型及形态学特征的变化进行研究，理论上，可加深对动物在不同生理状况下的摄食习性和消化吸收过程的内分泌调节机制的认识；实践上，在动物的人工养殖中，可考虑在不同生理状况下动物的饲料中增补适当的胃肠激素添加剂，以调控动物的摄食强度，促进消化和吸收，提高经济效益，促进养殖业的发展。

【方法提示】

一、查阅文献资料，确定研究题目和研究目标

推荐查询中国期刊网全文数据库、http：//www. ncbi. nlm. nih. gov、http：//www. wanfangdata. com. cn 等网站和数据库。

二、实验材料准备

建议选择某种经济养殖型动物，可研究冬眠前后、发育过程、长期饥饿或饲喂不同种食物前后等不同生理状况下消化道内分泌细胞形态与分布的变化。

三、研究技术的选择

用石蜡切片技术和免疫细胞化学技术（参考实验 19、21）显示内分泌细胞，通过细胞计数和生物统计判定不同生理状况下动物胃肠道内分泌细胞形态与分布的变化情况。

实验30 利用细胞遗传毒理学方法进行安全毒理评价和环境检测

【研究背景】

随着社会工业化程度的加深，环境污染的加剧，各种理化因素对人类健康的危害愈来愈受到广泛的重视，因此对各种理化因素的遗传毒性进行合适的监测已是一个十分重要和迫切需要解决的问题。近些年来，利用细胞遗传毒理学方法进行安全毒理评价和环境检测已显示出了良好的前景并被广泛接受。其中姐妹染色体交换率、染色体畸变率和微核率是常用的检测指标。

染色体作为遗传物质的载体，在每种生物细胞中都有固定的数目和结构，染色体数目和结构的改变就是染色体畸变。姊妹染色单体交换（SCE）是染色体同源座位上DNA复制产物的相互交换，它的形成与DNA损伤后的复制修复密切相关，SCE频率，反映细胞DNA损伤程度、DNA修复机制的缺陷等生物特征。微核是染色体畸变的另一种表现形式，为有丝分裂后期丧失着丝粒的染色体片段，在间期细胞的细胞质中形成的一个或多个圆形或杏仁状结构。微核游离于主核之外，大小在主核的1/3以下。其折光率及细胞化学反应性质和主核一样，也具有合成DNA的能力。一般认为微核是由有丝分裂后期丧失着丝粒的染色体片段产生的，但是已有实验证明，整条染色体或几条染色体也能形成微核。这些断片或染色体在有丝分裂过程中行动滞后，在分裂末期未能进入主核，便形成了独立于主核之外的小核，即形成微核。

许多理化因素，如辐射、化学药剂等作用于分裂细胞促进姐妹染色体交换率、产生染色体畸变，形成微核。姐妹染色体交换、染色体畸变和微核可以直接利用人的细胞进行检测，是检测诱变物质对人类或其他高等生物的遗传危害的一种比较理想的方法。已经证实，姐妹染色体交换、染色体畸变率和微核率同作用因子的剂量呈正相关，可应用于辐射损伤、辐射防护、化学诱变剂、新药试验、食品添加剂、环境检测的安全评价及染色体遗传疾病和癌症前期诊断等各个方面。

【方法提示】

一、查阅文献资料，确定研究题目和研究目标

推荐查询中国期刊网全文数据库、http：//www. ncbi. nlm. nih. gov、万方数

据资源系统 http：//www. wanfangdata. com. cn 等数据库和网站。

二、实验材料准备

根据不同的检测指标选择不同的实验材料，动物方面，可选择人正常细胞系或外周血培养淋巴细胞，也可以用小鼠进行体内试验，待测物质处理动物后，取骨髓细胞进行检测。植物方面，可用蚕豆或洋葱根尖进行检测。

三、研究技术的选择（参考实验 12、20）

（1）人体外周血淋巴细胞姐妹染色单体互换实验。

（2）哺乳动物骨髓细胞染色体畸变及微核实验。

（3）小鼠睾丸染色体畸变实验。

（4）蚕豆根尖细胞微核及染色体畸变实验。

实验31 利用RNA干扰筛选肿瘤基因治疗的靶点

【研究背景】

癌症是一种严重危害人类生命健康的常见疾病和多发病。2008年4月13日，在上海举行的全国肿瘤宣传周上发布了最新的癌症统计数字：中国每年癌症新发病例为220万人，因癌症死亡人数为160万人。近20年来，癌症是中国人的最大杀手。临床上迫切要求有效的治疗方法。

随着对肿瘤发病分子机制的深入研究，人们逐渐认识到肿瘤本质上是一种基因病，是细胞在致瘤因素的作用下，基因发生了改变，导致其生长失控而异常增生的结果。通过干预肿瘤细胞内异常表达或活化的基因而进行的肿瘤基因治疗已引起了越来越广泛的重视，并成为最有发展前景的治疗方法之一，且在临床上已取得了一定的成效。肿瘤的发生与多个因素和多种基因相关，究竟干预哪个或哪些异常表达或活化的基因对肿瘤治疗最为有效是肿瘤基因治疗当前所面临的主要问题之一，肿瘤基因治疗靶点评价是肿瘤基因治疗的基础。

RNA干扰（RNA i）是最近几年发展起来的一门新兴的干预基因表达技术，其本质是通过长度为19－21个核苷酸的小干扰RNA（siRNA），介导序列高度同源的靶基因表达的mRNA降解，从而在基因转录后水平上下调靶基因的表达。RNA干扰技术具有高度的特异性，高效性，且可同时干预多个基因的优点而成为当前评价基因治疗靶点的最有效技术之一。腺病毒载体因具有感染细胞种类多、感染效率高、外源基因表达水平高且既适于体外又适于体内研究等特点而被广泛用于基因治疗和临床试验中。

本实验拟通过基因芯片、蛋白芯片或差异显示技术寻找肿瘤细胞异常表达或活化的基因，利用RNA干扰技术在细胞水平评价干预不同基因或基因组合的肿瘤基因治疗效果，找出理想的肿瘤基因治疗靶点（参考图31－1的实验流程）。

【方法提示】

一、查阅文献资料，确定研究题目和研究目标

推荐查询中国期刊网全文数据库、中国癌症信息库 http：//www.bufotanine.com、中华癌症网 http：//www.cn-cancer.com、万方数据资源系统

http：//www. wanfangdata. com. cn、中国医学信息网 http：//cmbi. bjmu. edu. cn、中国健康网 http：//www. healthoo. com、http：//www. ncbi. nlm. nih. gov、http：//www. cancerbacup. org. uk 等数据库和网站。

二、实验材料准备

肿瘤细胞系、siRNA 表达载体、DH5α 大肠杆菌。

三、研究技术的选择

（1）基因差异表达筛选技术，参考相关的工具书或参考文献。

（2）靶序列的选择与 siRNA 表达载体，参考相关的工具书或参考文献。

（3）细胞培养方法（参考实验 17）。肿瘤细胞系，细胞系类型不定，可按个人兴趣或获得方便而定等。

（4）DNA 转染技术（参考实验 18）。

（5）细胞增殖动力学检测（参考实验 25）。

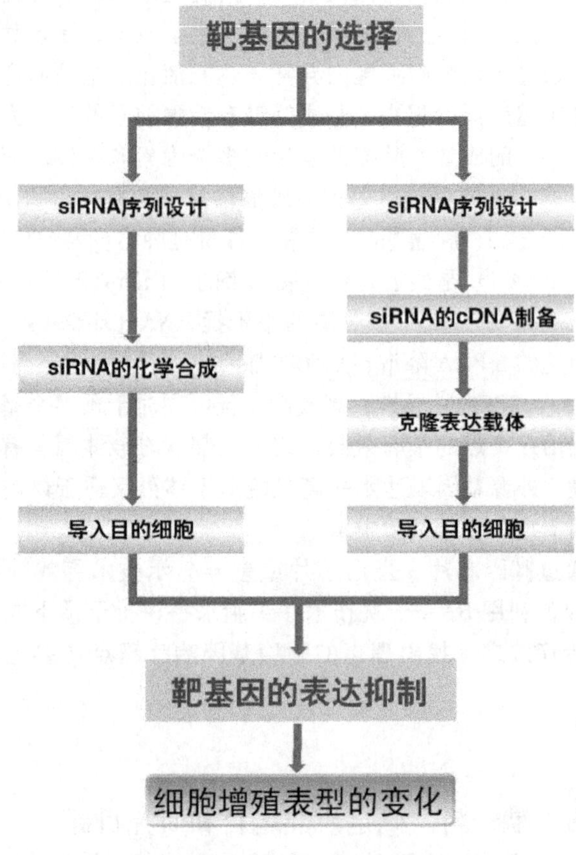

图 31－1 RNA 干扰实验流程

实验32　利用植物组织培养对某种经济植物进行快繁与脱毒

【研究背景】

自1902年Haberlandt提出植物细胞全能性理论设想和1958年Steward等证明植物细胞全能性理论以来，尤其是1960年Morel用茎尖培养方法大量繁殖兰花获得成功后，使植物组织培养技术在植物快繁中得到广泛应用。目前人们已对88科，619个种或变种的观赏植物进行了组织培养技术的研究，涉及到蕨类植物门、裸子植物亚门、被子植物亚门、单子叶植物纲、双子叶植物纲。植物快繁技术是一种特殊的营养繁殖方式，它是指在无菌条件下，将离体的植物器官、组织、细胞等在人工配制的营养和环境条件下，通过组织培养技术获得试管苗，不断进行继代增殖，从而达到快速繁殖植物的方法。

一些经济作物的无性繁殖，虽能保持原有品种的优良性状，但繁殖系数低，繁殖速度慢，常遭病毒侵染并发生退化现象。现在已经发现的植物病毒超过500种。一些植物病毒的危害性相当严重，给生产造成极其重大的损失。如马铃薯、大蒜、草莓、葡萄等长期的无性繁殖，导致病毒不断增殖积累并造成品种严重退化，田间发病率升高。近年来，病毒造成一些重要经济作物产量降低，品质变劣，种性退化。脱毒是防治病毒的一条重要途径。我国的脱毒快繁技术近20年来发展迅速，在经济作物、果树、花卉等无毒苗生产方面都获得了可喜成果。植物脱毒方法很多，如微茎尖培养法、珠心组织培养法、热处理法等。许多植物经脱毒后所获得的无毒植株，在形态上、生长发育上和原来的染病植株有较大差异。病毒严重污染的马铃薯脱毒后，不但营养生长旺盛，本来不开花的开出了茂盛的花，脱除病毒后的柑橘、苹果、草莓等生长均更旺盛，取得了较好的效果。

利用植物组织培养对植物进行脱毒、快繁具有投资少、见效快等优点，对于经济植物进行脱毒快繁，使这些植物取得较高的经济、社会和环境效益。全世界试管苗的年产量从1985年的1.3亿株猛增到2002年的10亿株，并逐年递增。近年来，一些科研和生产单位对一些经济植物脱毒快繁技术进行了探讨和研究，取得了许多成功的经验。

【方法提示】

一、查阅文献资料，确定研究题目和研究目标

推荐查询中国期刊网全文数据库、http：//www. ncbi. nlm. nih. gov、http：//www. zupei. com、 http：//www. 7576. cn、 http：//www. tc. china001. com、 http：//www. wanfangdata. com. cn 等网站和数据库。

二、实验材料

某种经济作物如马铃薯、甘薯等。

三、研究技术的选择

以马铃薯为例：马铃薯由于营养丰富，含蛋白质、纤维素、脂肪、多种维生素等是世界性的一种主要经济作物，近年来，世界马铃薯的种植面积一直保持在3亿亩左右，目前种植面积最大的国家是中国，我国种植面积7500万亩，但单产水平低于世界平均水平。产量低制约了我国马铃薯的发展，农民的增收。要想提高产量，现在人们已达成共识，唯有扩大脱毒马铃薯的种植面积。但现在脱毒马铃薯推广面积全国不到20%。脱毒马铃薯最大的特点是高产稳产，脱毒马铃薯比不脱毒的可增产40～200%。目前国内外脱毒种薯产量还远远不能满足种植脱毒马铃薯的要求，严重制约了脱毒马铃薯生产面积的迅速扩大，这已成为国内外各地马铃薯主产区发展马铃薯这一大产业的一个限制性瓶颈。各地生产中急需短时期内能迅速大量的繁殖、生产优质的脱毒马铃薯种薯。

参照如下实验方案：

（1）配制培养基并灭菌（参考实验14）。

（2）制备无菌母株（可采用微茎尖培养法结合热处理法，参考实验15）。

（3）接种。

（4）完整植株再生（可采用器官发生途径或胚状体途径诱导重生芽形成，再转移至生根培养基中再生完整植株）。

（5）再生植株的驯化（日光锻炼、湿度锻炼）。

（6）脱毒检测（指示植物或抗血清检测）及再生植株的鉴定（植物形态学或细胞学鉴定）。

（7）田间大量生产栽培。

参考文献

1. 安利国. 细胞生物学实验教程[M]. 北京:科学出版社,2005

2. 安利国. 细胞工程(高等师范院校新世纪教材)[M]. 北京:科学出版社,2005

3. 陈志南. 细胞工程[M]. 北京:科学出版社,2005

4. (美)D. L. 斯佩克特,赖莫万. 细胞实验指南(上下)[M]. 黄培堂等译. 北京:科学出版社,2001

5. 蒋虎祥,田金仙. 植物电镜技术[M]. 南京:南京大学出版社,1991

6. 李素文. 细胞生物学实验指导[M]. 北京:高等教育出版社,2001

7. 辛华. 细胞生物学实验[M]. 北京:科学出版社,2001

8. 徐承水,党本元. 现代细胞生物学技术[M]. 青岛:青岛海洋大学出版社,1995

9. 杨汉民. 细胞生物学实验[M]. 北京:高等教育出版社,2002

10. 印莉萍,刘祥林. 分子细胞生物学实验技术[M]. 北京:首都师范大学出版社,2001

11. 翟中和,王喜忠,丁明孝. 细胞生物学[M]. 北京:高等教育出版社,2000

12. 翟中和,王喜忠,丁明孝. 细胞生物学实验指导[M]. 北京:高等教育出版社,2000

13. 赵刚,刘建中. 医学细胞生物学实验与习题[M]. 北京:科学出版社,2003